（供药学、临床医学、预防医学等专业使用）

有机化学实验(第 2 版)

姜慧君 何广武 主编

东南大学出版社
SOUTHEAST UNIVERSITY PRESS
·南京·

内 容 提 要

本书是根据高等医药院校各专业对有机化学实验的基本要求编写的，采用传统的有机化学实验分类方法，从医学院校课程要求的实际出发，重在培养学生综合分析和组织安排实验的能力。

本书适用于高等医药院校有机化学实验课程的教学，也可用作相关人员的参考用书。

图书在版编目(CIP)数据

有机化学实验/姜慧君，何广武主编. —2 版. —南京：东南大学出版社，2012.11(2018.1 重印)

ISBN 978-7-5641-3901-8

Ⅰ. ①有… Ⅱ. ①姜…②何… Ⅲ. ①有机化学-化学实验-高等学校-教材 Ⅳ. ①062-33

中国版本图书馆 CIP 数据核字(2012)第 285387 号

有机化学实验(第 2 版)

出版发行	东南大学出版社
出 版 人	江建中
社 址	南京市四牌楼 2 号(邮编:210096)
网 址	http://www.seupress.com
电子邮箱	med@seupress.com
责编电话	025-83793681
经 销	全国各地新华书店
印 刷	常州市武进第三印刷有限公司
开 本	787 mm×1092 mm 1/16
印 张	7.75
字 数	200 千字
版 印 次	2018 年 1 月第 2 版第 6 次印刷
书 号	ISBN 978-7-5641-3901-8
定 价	17.00 元

---

* 本社图书若有印装质量问题，请直接与营销部联系，电话：(025)83791830。

前　言

根据高等医药学院校各专业对有机化学实验的基本要求与内容，采用传统的有机化学实验的分类方法，即单元操作（基本操作）、性质反应（官能团实验）和有机合成及应用编写了本教材。在教材的编写过程中，积极倡导绿色化学的理念，同时增加了综合实验及全英文实验的相关内容，强调基本操作和基本技能的训练，着重培养学生分析问题和解决问题的能力，以满足不同专业高素质创新人才培养的需求。

全书共编排了32个实验，每学期不同专业可根据具体情况进行选择，其中8个全英文实验适用于国际教育学院的医学留学生。

限于编者水平，书中疏漏、错误之处在所难免，敬请广大师生批评指正。

编　者

2012年9月

目　录

有机化学实验的一般知识

一、有机化学实验室规则

为了保证有机化学实验课正常、有效、安全地进行，培养良好的实验习惯，并保证实验课的教学质量，学生必须遵守有机化学实验室的规则。

(1) 切实做好实验前的准备工作。在进入有机实验室之前，必须认真阅读本章内容，了解进入实验室后应注意的事项及有关规定。每次做实验前，认真预习有关实验的内容及相关参考资料，写好实验预习报告，方可进行实验。没有达到预习要求者，不得进行实验。

(2) 每次实验，先将仪器搭好，经指导老师检查后，方可进行下一步操作。在操作前，想好每一步实验的目的、意义，实验中的关键步骤及操作难点，了解所用药品的性质及应注意的安全问题。

(3) 实验中严格按操作规程操作，如有改变，必须经指导老师同意。实验中仔细观察实验现象，如实记录。实验完成后，按时写出符合要求的实验报告。

(4) 在实验过程中，不得大声喧哗，不得擅自离开实验室。实验中应该穿实验服，不能穿拖鞋、背心等暴露过多的服装进入实验室，实验室内禁止吸烟、饮食。

(5) 实验过程中保持实验室的环境卫生。公用仪器、药品、器材应在指定地点使用，或用后及时放回原处。试剂取完后，及时将盖子盖好，保持实验台清洁。仪器损坏应如实填写破损单。废液应倒在废液桶内(易燃液体除外)，固体废物(沸石、棉花等)应倒在垃圾桶内，千万不要倒在水槽中，以免堵塞。

(6) 实验结束后，将个人实验台面打扫干净，仪器洗干净、摆放好，拔掉电源插头，洗净双手。值日生做完值日，指导老师检查后方可离开实验室。离开实验室前应检查水、电、气是否关闭。

二、有机化学实验室的安全知识

由于有机化学实验所用的药品多数是有毒、可燃、有腐蚀性或爆炸性的，所用的仪器大部分又是玻璃制品，所以在有机化学实验室中工作，若粗心大意，就易发生事故，如割伤、烧伤，甚至火灾、中毒和爆炸等，我们必须认识到化学实验室是潜在的危险场所。然而，只要我们重视安全问题，思想上提高警惕，实验时严格遵守操作规程，加强安全措施，大多数事故是可以避免的。下面介绍实验室事故的预防和处理。

1. 防火

实验室中使用的有机溶剂大多数是易燃的，着火是有机实验室常见的事故之一，应尽可能避免使用明火。防火的基本原则有下列几点注意事项：

(1) 不能用敞口容器加热和放置易燃、易挥发的化学药品。应根据实验要求和物质的特性，选择正确的加热方法。如对沸点低于 80 ℃的液体，在蒸馏时，应采用水浴，不能直接加热。

(2) 尽量防止或减少易燃物气体的外逸。处理和使用易燃物时，应远离明火，注意室内通风，及时将蒸气排出。

(3) 易燃易挥发的废物，不得倒入废液缸和废液桶中，应专门回收处理。

(4) 实验室不得存放大量易燃、易挥发性物质。

(5) 有煤气的实验室,应经常检查管道和阀门是否漏气。

(6) 实验室一旦发生失火,室内全体人员应积极有序地参加灭火。一般采用如下措施:

一方面防止火势扩张。熄灭火源,关闭总电闸,搬开易燃物质。

另一方面立即灭火。有机化学实验室灭火,常采用隔绝空气的方法,通常不能用水。否则,反而会引起更大的火灾。在失火初期,不能用口吹,必须使用灭火器、砂、毛毡等。若火势小,可用数层湿布把着火的仪器包裹起来。如在小器皿内着火(如烧杯或烧瓶内)可盖上石棉板或瓷片等,使之隔绝空气而灭火,绝不能用口吹。

如果油类着火时,要用砂或灭火器灭火。也可撒上干燥的固体碳酸氢钠粉末扑灭。

如果电器着火时,应切断电源,然后才用二氧化碳灭火器或四氯化碳灭火器灭火(注意:四氯化碳灭火器蒸气有毒,在空气不流通的地方使用有危险)。因为这些灭火剂不导电,不会使人触电。绝不能用水和泡沫灭火器灭火,因为有水能导电,会使人触电甚至死亡。

如果衣服着火时,切勿奔跑,而应立即在地上打滚,邻近人员可用毛毡或棉胎一类东西盖在其身上,使之隔绝空气而灭火。

总之,当失火时,应根据起火的原因和火场周围的情况,采用不同的方法扑灭火焰。无论使用哪一种灭火器材,都应从火的四周开始向中心扑灭,把灭火器的喷出口对准火焰的底部。在抢险过程中切勿犹豫。

2. 防爆

(1) 在有机化学实验室中,发生爆炸事故一般有两种情况:

① 某些化合物容易发生爆炸,如过氧化物、芳香族多硝基化合物等,在受热或受到碰撞时,均会发生爆炸。含过氧化物的乙醚在蒸馏时,也有爆炸的危险。乙醇和浓硝酸混合在一起,会引起极强烈的爆炸。

② 仪器安装不正确或操作不当时,也可引起爆炸。如蒸馏或反应时实验装置被堵塞,减压蒸馏时使用不耐压的仪器等。

(2) 在有机化学实验室里一般预防爆炸的措施如下:

① 使用易燃易爆物品时,应严格按操作规程操作,要特别小心。

② 反应过于猛烈时,应适当控制加料速度和反应温度,必要时采取冷却措施。

③ 在用玻璃仪器组装实验装置之前,要先检查玻璃仪器是否有破损。

④ 常压操作时,不能在密闭体系内进行加热或反应,要经常检查反应装置是否被堵塞。如发现堵塞应停止加热或反应,将堵塞排除后再继续加热或反应。

⑤ 减压蒸馏时,不能用平底烧瓶、锥形瓶、薄壁试管等不耐压容器作为接收瓶或反应瓶。

⑥ 无论是常压蒸馏还是减压蒸馏,均不能将液体蒸干,以免局部过热或产生过氧化物而发生爆炸。

3. 防中毒

大多数化学药品都具有一定的毒性。中毒主要是通过呼吸道和皮肤接触有毒物品而对人体造成危害。因此预防中毒应做到:

(1) 剧毒药品应妥善保管,不许乱放,实验中所用的剧毒物质应有专人负责收发,并向使用毒物者提出必须遵守的操作规程。实验后的有毒残渣必须作妥善而有效的处理,不准乱丢。

(2) 称量药品时应使用工具,不得直接用手接触,尤其是毒品。做完实验后,应洗手后再吃东西。任何药品不能用嘴尝。

(3) 使用和处理有毒或腐蚀性物质时，应在通风柜中进行或加气体吸收装置，并戴好防护用品。尽可能避免蒸气外逸，以防造成污染。

(4) 如发生中毒现象，应让中毒者及时离开现场，到通风好的地方，严重者应及时送往医院。

4. 防灼伤

皮肤接触了高温、低温或腐蚀性物质后均可能被灼伤。为避免灼伤，在接触这些物质时，最好戴橡胶手套和防护眼镜。发生灼伤时应按下列要求处理：

(1) 被碱灼伤时，先用大量的水冲洗，再用1%～2%的乙酸或硼酸溶液冲洗，然后再用水冲洗，最后涂上烫伤膏。

(2) 被酸灼伤时，先用大量的水冲洗，然后用1%的碳酸氢钠溶液冲洗，最后涂上烫伤膏。

(3) 被溴灼伤时，应立即用大量的水冲洗，再用酒精擦洗或用2%的硫代硫酸钠溶液洗至灼伤处呈白色，然后涂上甘油或鱼肝油软膏加以按摩。

(4) 被烫伤后一般在患处涂上红花油，然后擦烫伤膏。

(5) 化学物质一旦溅入眼睛中，应立即用大量的水冲洗，并及时去医院治疗。

5. 防割伤

有机实验中主要使用玻璃仪器。使用时，最基本的原则是：不能对玻璃仪器的任何部位施加过度的压力。

(1) 需要用玻璃管和塞子连接装置时，用力处不要离塞子太远，如图1-1中(a)和(c)所示的操作是正确的，(b)和(d)的操作是不正确的，尤其是插入温度计时，要特别小心。

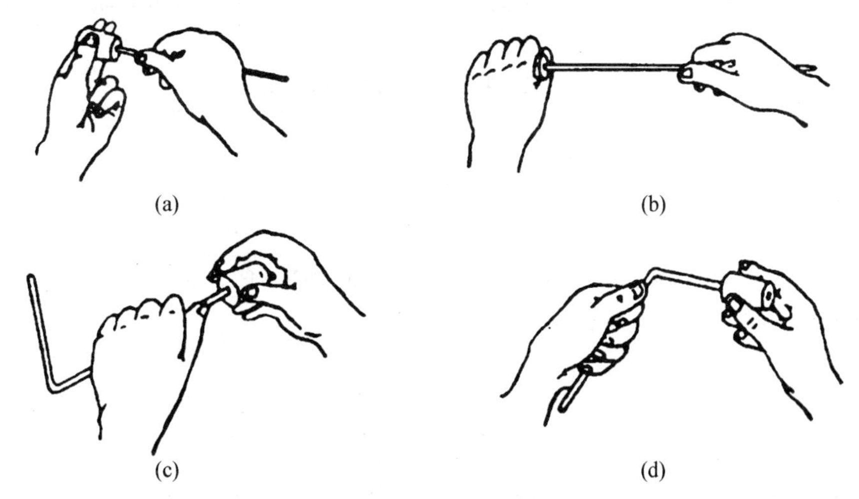

图1-1　玻璃管与塞子连接时的操作方法

(2) 新割断的玻璃管断口处特别锋利，使用时，要将断口处用火烧至熔化，使其成圆滑状。

发生割伤后，应将伤口处的玻璃碎片取出，再用生理盐水将伤口洗净，涂上红药水，用纱布包好伤口。若割破静(动)脉血管，流血不止时，应先止血。具体方法是：在伤口上方5～10 cm处用绷带扎紧或用双手掐住，然后再进行处理或送医院。

实验室应备有急救药品，如生理盐水、医用酒精、红药水、烫伤膏、1%～2%乙酸或硼酸溶液、1%的碳酸氢钠溶液、2%的硫代硫酸钠溶液、甘油、止血粉、甲紫、凡士林等，还应备有镊子、剪刀、纱布、药棉、绷带等急救用具。

6. 用电安全

进入实验室后，首先应了解水、电、气的开关位置在何处，而且要掌握它们的使用方法。在实验中，应先将电器设备上的插头与插座连接好后，再打开电源开关。不能用湿手或手握湿物去插或拔插头。使用电器前，应检查线路连接是否正确，电器内外要保持干燥，不能有水或其他溶剂。实验做完后，应先关掉电源，再去拔插头。

三、化学实验室“三废”处理

化学实验室的“三废”种类繁多，实验过程中产生的有毒气体和废水排放到空气或下水道，同样对环境造成污染，威胁人们的健康。如 SO_2、NO、Cl_2 等气体对人的呼吸道有强烈的刺激作用，对植物也有伤害作用；As、Pb 和 Hg 等化合物进入人体后，不易分解和排出，长期积累会引起胃痛、皮下出血、肾功能损伤等；氯仿、四氯化碳等能致肝癌；多环芳烃能致膀胱癌和皮肤癌；CdO 接触皮肤破损处会引起溃烂不止等，故须对实验过程中产生的有毒、有害物质进行必要的处理。

1. 常用的废气处理方法

(1) 溶液吸收法　溶液吸收法即用适当的液体吸收剂处理气体混合物，除去其中有害气体的方法。常用的液体吸收剂有水、碱性溶液、酸性溶液、氧化剂溶液和有机溶液，它们可用于净化含有 SO_2、NO_x、HF、SiF_4、HCl、Cl_2、NH_3、汞蒸气、酸雾、烟和各种组分有机物蒸气的废气。

(2) 固体吸收法　固体吸收法是使废气与固体吸收剂接触，废气中的污染物(吸收质)吸附在固体表面从而被分离出来。此法主要用于净化废气中低浓度的污染质，常用的吸附剂及其用途见表 1-1。

表 1-1　常用吸附剂及处理的吸附质

固体吸附剂	处理物质
活性炭	苯、甲苯、二甲苯、丙酮、乙醇、乙醚、甲醛、汽油、乙酸乙酯、苯乙烯、氯乙烯、恶臭物、H_2S、Cl_2、CO、CO_2、SO_2、NO_x、CS_2、CCl_4、$HCCl_3$、H_2CCl_2
浸渍活性炭	烯烃、胺、酸雾、硫醇、SO_2、Cl_2、H_2S、HF、HCl、NH_3、Hg、HCHO、CO、CO_2
活性氧化铝	H_2O、H_2S、SO_2、HF
浸渍活性氧化铝	酸雾、Hg、HCHO、HCl
硅胶	H_2O、NO_x、SO_2、C_2H_2
分子筛	NO_x、H_2O、CO_2、CS_2、SO_2、H_2S、NH_3、CCl_4

2. 常用的废水处理方法

(1) 中和法　对于酸含量小于 3%～5%的酸性废水或碱含量小于 1%～3%的碱性废水，常采用中和法处理。无硫化物的酸性废水，可用浓度相当的碱性废水中和；含重金属离子较多的酸性废水，可通过加入碱性试剂(如 NaOH、Na_2CO_3)进行中和。

(2) 萃取法　采用与水不互溶但能良好溶解污染物的萃取剂，使其与废水充分混合，提取污染物，达到净化水的目的。例如含酚废水就可采用二甲苯做萃取剂。

(3) 化学沉淀法　于废水中加入某种化学试剂，使之与其中的污染物发生化学反应，生成沉淀，然后进行分离。此法适用于除去废水中的重金属离子(如汞、镉、铜、铅、锌、镍、铬等)、碱土金属离子(钙、镁)及某些非金属(砷、氟、硫、硼等)。如氢氧化物沉淀法可用 NaOH 作沉淀剂处理含重金属离子的废水;硫化物沉淀法是利用 Na_2S、H_2S、CaS_x 或 $(NH_4)_2S$ 等作沉淀剂除汞、砷;铬酸盐法是用 $BaCO_3$ 或 $BaCl_2$ 作沉淀剂除去废水中的 CdO 等。

(4) 氧化还原法　水中溶解的有害无机物或有机物,可通过化学反应将其氧化或还原,转化成无害的新物质或易从水中分离除去的形态。常用的氧化剂主要是漂白粉,用于含氮废水、含硫废水、含酚废水及含氨氮废水的处理。常用的还原剂有 $FeSO_4$ 或 Na_2SO_3,用于还原+6 价铬;还有活泼金属如铁屑、铜屑、锌屑等,用于除去废水中的汞。

此外,还有活性炭吸附法、离子交换法、电化学净化法等。

3. 常用的废渣处理方法

废渣主要采用掩埋法。有毒的废渣必须先进行化学处理后深埋在远离居民区的指定地点,以免毒物溶于地下水而混入饮水中;无毒废渣可直接掩埋,掩埋地点应有记录。

四、有机化学实验预习、记录和实验报告

有机化学实验课是一门综合性较强的理论联系实际的课程,它是培养学生独立工作能力的重要环节。完成一份正确、完整的实验报告,也是一个很好的训练过程。实验报告分三部分:实验前预习、现场记录及课后实验总结。

1. 实验预习

实验预习的内容包括:

(1) 实验目的　写出本次实验要达到的主要目的。

(2) 反应及操作原理　用反应式写出主反应及副反应,简单叙述操作原理。

(3) 画出实验装置图。

(4) 写出整个实验操作步骤的流程图。

预习时,应想清楚每一步操作的目的是什么,为什么要这么做,要弄清楚本次实验的关键步骤、注意点及难点,实验中有哪些安全问题等。预习是做好实验的关键,只有预习好了,实验时才能做到既快又好。

2. 实验记录

实验记录是科学研究的第一手资料,实验记录的好坏直接影响对实验结果的分析。因此,学会做好实验记录也是培养学生科学作风及实事求是精神的一个重要环节。

作为科学工作者,必须对实验的全过程进行仔细观察,如反应液颜色的变化,有无沉淀及气体出现,固体的溶解情况,以及加热温度和加热后反应的变化等,都应该认真记录。同时还应记录加入原料的颜色和加入的量、产品的颜色和产品的量、产品的熔点或沸点等物化数据。记录时,要与操作步骤一一对应,内容要简明扼要,条理清楚。记录直接写在报告上,不要随便记在一张纸上。

3. 实验报告

这部分工作在课后完成。内容包括:

(1) 对实验现象逐一做出正确的解释,能用反应式表示的尽量用反应式表示。

(2) 计算产率。在计算理论产量时,应注意:① 有多种原料参加反应时,以物质的量最小的原料的量为准;② 不能用催化剂或引发剂的量来计算;③ 有异构体存在时,以各种异构体理论产量之和进行计算,实际产量也是异构体实际产量之和。计算公式如下:

$$产率=\frac{实际产量}{理论产量}\times 100\%$$

(3) 填写物理常数测试表。分别填上产物的文献值和实测值，并注明测试条件，如温度、压力等。

(4) 对实验进行讨论与总结：① 对实验结果和产品进行分析；② 分析实验中出现的问题和解决的办法；③ 对实验提出建设性的意见和建议。通过讨论来总结、提高和巩固实验中所学到的理论知识和实验技术。

一份完整的实验报告可以充分体现学生对实验理解的深度、综合解决问题的能力及文字的表达能力。

五、有机化学实验常用仪器和设备

了解实验所用仪器及设备的性能、正确使用方法和如何保养，是对每一个实验者最基本的要求。

1. 玻璃仪器

玻璃仪器一般由软质或硬质玻璃制作而成。软质玻璃耐温耐腐蚀性较差，但是价格便宜，因此，一般用它制作的仪器均不耐温，如普通漏斗、量筒、吸滤瓶、干燥器等。硬质玻璃具有较好的耐温和耐腐蚀性，制成的仪器可以在温度变化较大的情况下使用，如烧瓶、烧杯、冷凝管。

玻璃仪器一般分为普通和标准磨口两种。在实验室常用的普通玻璃仪器有非磨口锥形瓶、烧杯、布氏漏斗、吸滤瓶、普通漏斗、分液漏斗等，见图 1-2 所示。常用的标准磨口仪器有圆底烧瓶、三口瓶、蒸馏头、冷凝管、接收管等，具体形状见图 1-3 所示。常用的微型化学制备仪器见图 1-4 所示。玻璃仪器用途见表 1-2 所示。

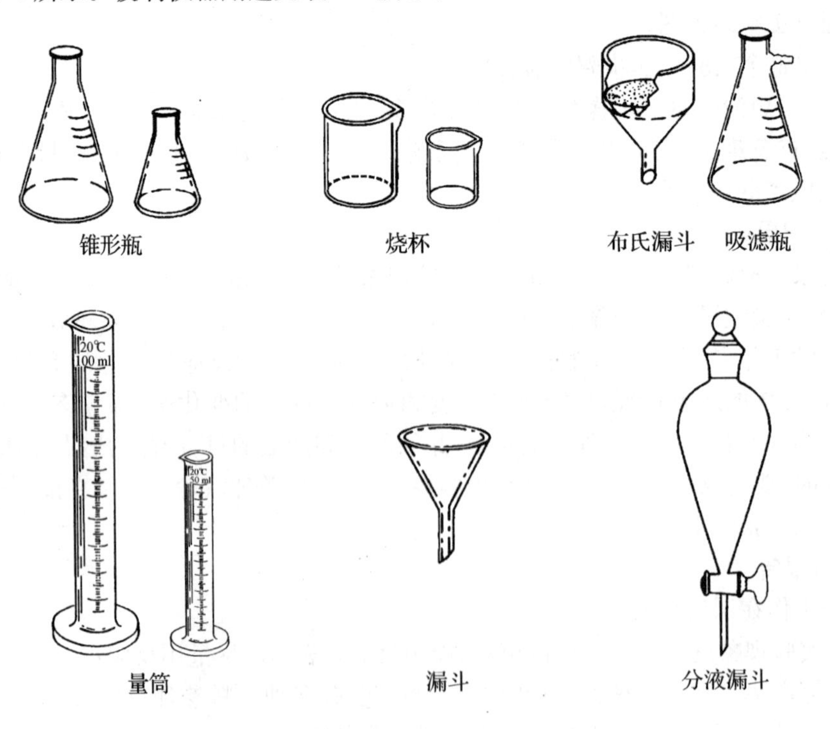

图 1-2 有机化学实验常用的普通玻璃仪器

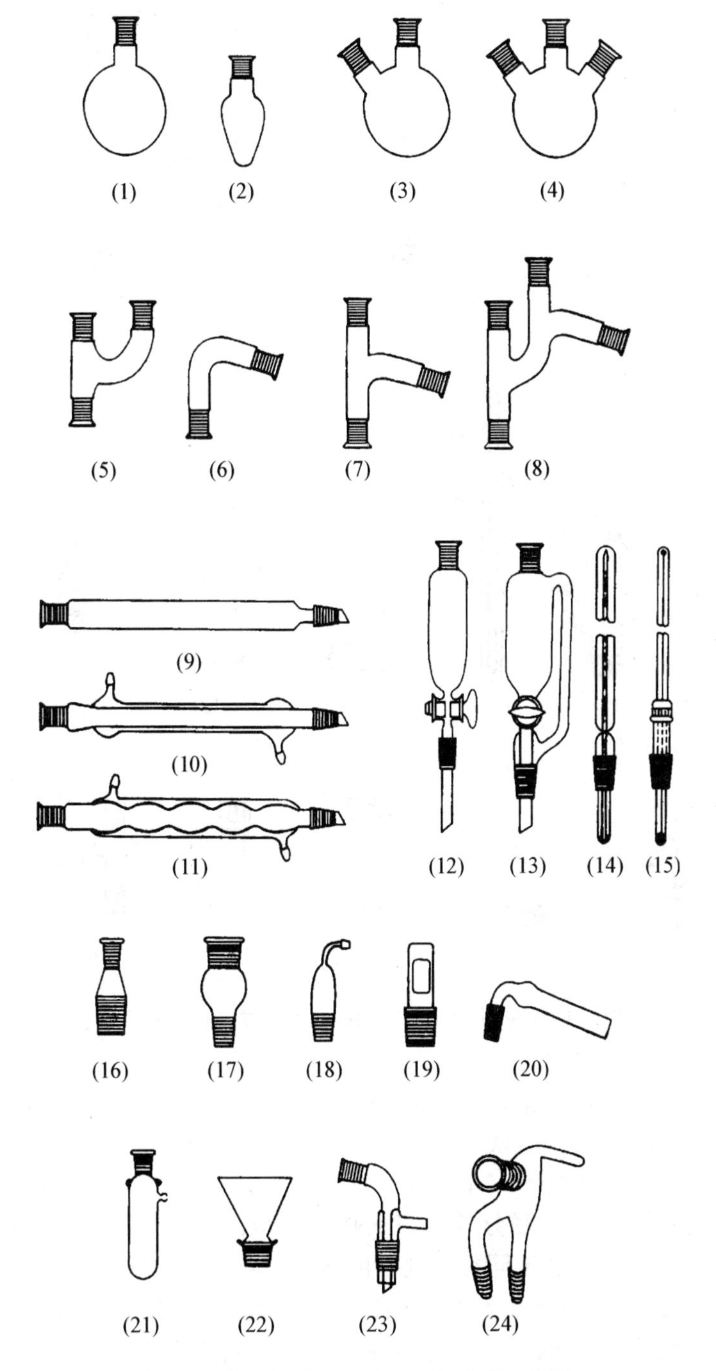

图 1-3　有机化学实验常用的标准磨口仪器

(1) 圆底烧瓶;(2) 梨形瓶;(3) 两口瓶;(4) 三口瓶;(5) Y 形管;(6) 弯头;(7) 蒸馏头;(8) 克氏蒸馏头;(9) 空气冷凝管;(10) 冷凝管;(11) 球形冷凝管;(12) 分液漏斗;(13) 恒压滴液漏斗;(14) 温度计;(15) 温度计;(16) 大小口接头;(17) 大小口接头;(18) 通气管;(19) 塞;(20) 干燥管;(21) 吸滤管;(22) 吸滤漏斗;(23) 单股接收管;(24) 双股接收管

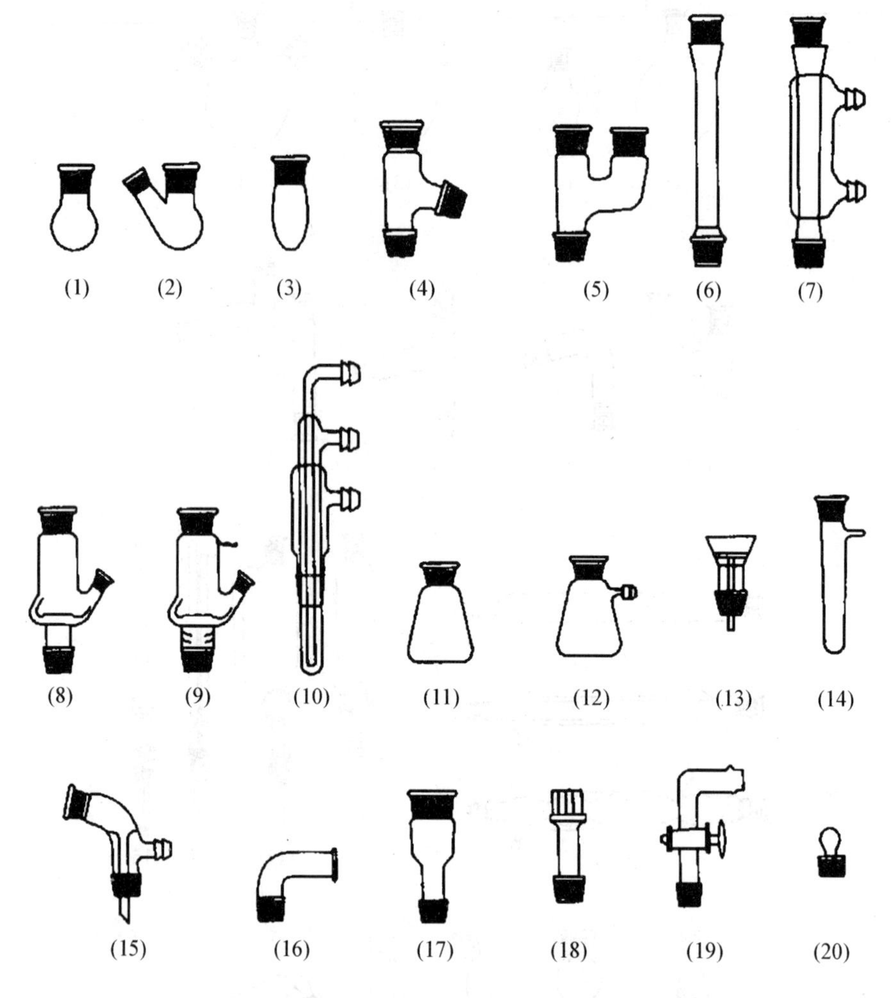

图 1-4　有机化学实验常用的微型化学制备仪器示意图

(1) 圆底烧瓶；(2) 二口烧瓶；(3) 离心试管(又称锥底反应瓶)；(4) 蒸馏头；(5) 克莱森接头；(6) 空气冷凝管；(7) 直形冷凝管；(8) 微型蒸馏头；(9) 微型分馏头；(10) 真空直形冷凝器(真空冷阱)；(11) 锥形瓶；(12) 抽滤瓶；(13) 玻璃漏斗及玻璃钉；(14) 具支试管；(15) 真空接收管；(16) 干燥管；(17) 大小接头；(18) 温度计套管(直通式)；(19) 二通活塞、导气管；(20) 玻璃塞

标准磨口仪器根据磨口口径分为 10、14、19、24、29、34、40、50 等号。由于口塞尺寸的标准化、系列化，磨砂密合，凡属于同类型规格的接口，均可任意互换，各部件能组装成各种配套仪器。当不同类型规格的部件无法直接组装时，可使用变径接头使之连接起来。使用标准磨口仪器既可免去配塞子的麻烦手续，又能避免反应物或产物被塞子沾污的危险；口塞磨砂性能良好，使密合性可达较高真空度，对蒸馏尤其减压蒸馏有利，对于毒物或挥发性液体的实验较为安全。

当使用 14/30 这种编号时，表明仪器的口径为 14 mm，磨口长度为 30 mm。学生使用的常量仪器一般是 19 号的磨口仪器，半微量实验中采用的是 14 号的磨口仪器，微量实验中采用 10 号磨口仪器。

表 1-2　有机化学实验常用仪器的应用范围

仪器名称	应 用 范 围	备　注
圆底烧瓶	用于反应、回流加热及蒸馏	
三口圆底烧瓶	用于反应,三口分别安装电搅拌器、回流冷凝管及温度计等	
冷凝管	用于蒸馏和回流	
蒸馏头	与圆底烧瓶组装后用于蒸馏	
单股接收管	用于常压蒸馏	
双股接收管	用于减压蒸馏	
分馏柱	用于分馏多组分混合物	
恒压滴液漏斗	用于反应体系内有压力使液体顺利滴加	
分液漏斗	用于溶液的萃取和分离	也可用于滴加液体
锥形瓶	用于储存液体、混合溶液及加热少量溶液	不能用于减压蒸馏
烧杯	用于加热溶液、浓缩溶液及用于溶液混合和转移	
量筒	量取液体	切勿用直接火加热
吸滤瓶	用于减压过滤	不能直接火加热
布氏漏斗	用于减压过滤	磁质
熔点管	用于测熔点	内装液状石蜡、硅油或浓硫酸
干燥管	装干燥剂,用于无水反应装置	

使用玻璃仪器时应注意以下几点:

(1) 使用时应轻拿轻放。

(2) 不能用明火直接加热玻璃仪器,加热时应垫石棉垫。

(3) 不能用高温加热不耐温的玻璃仪器,如吸滤瓶、普通漏斗、量筒等。

(4) 玻璃仪器使用完后,应及时清洗干净,标准磨口仪器若不拆洗放置时间太长,容易黏结在一起,很难拆开。如果发生此情况,可用热水煮黏结处或用热风吹磨口处,使其膨胀而脱落,还可以用木槌轻轻敲打黏结处。玻璃仪器最好自然晾干。

(5) 带旋塞或具塞的仪器清洗后,应在塞子和磨口接触处夹放纸片,以防黏结。

(6) 标准磨口仪器磨口处要干净,不得黏有固体物质。清洗时,应避免用去污粉清洗磨口,否则,会使磨口连接不紧密,甚至会损坏磨口。

(7) 安装仪器时,应做到横平竖直,磨口连接处不应受歪斜的应力,以免仪器破裂。

(8) 一般使用时,磨口处无需涂润滑剂,以免粘有反应物或产物。但是反应中使用强碱时,则要涂真空脂,以免磨口连接处因碱腐蚀而黏结在一起,无法拆开。当减压蒸馏时,应在磨口连接处涂润滑剂,以保证装置密封性好。

(9) 使用温度计时,应注意不要用冷水冲洗热的温度计,以免炸裂,尤其是水银球部位,应冷却至室温后再冲洗。不能用温度计搅拌液体或固体物质,以免损坏后,因有汞或其他有机液体而不好处理。

2. 金属工具

在有机化学实验中常用的金属器具有铁架台、烧瓶夹、冷凝管夹(又称万能夹)、镊子、锉子、打孔器、不锈钢小勺等。这些仪器应放在实验室规定的地方，要保持这些仪器的清洁，经常在活动部位加上一些润滑剂，以保证活动灵活不生锈。

3. 常用反应装置

在有机化学实验中，搭好实验装置是做好实验的基本保证。反应装置一般根据实验要求组合。常用反应装置有回流反应装置、带有搅拌及回流的反应装置、带有气体吸收的装置、分水装置、水蒸气蒸馏装置等。图 1-5 为常见的常量反应装置图，图 1-6 为微量反应装置图。

4. 仪器的选择

有机化学实验的各种反应装置都是由一件件玻璃仪器组装而成的，实验中应根据要求选择合适的仪器。一般选择仪器的原则如下：

（1）烧瓶的选择　根据液体的体积而定，一般液体的体积应占容器体积的 1/3～1/2，也就是说烧瓶容积的大小应是液体体积的 2～3 倍。进行水蒸气蒸馏和减压蒸馏时，液体体积不应超过烧瓶容积的 1/3。

（2）冷凝管的选择　一般情况下回流用球形冷凝管，蒸馏用直型冷凝管。但是当蒸馏温度超过 140 ℃时改用空气冷凝管，以防温差较大时，由于仪器受热不均匀而造成冷凝管破裂。

（3）温度计的选择　实验室一般备有 150 ℃和 300 ℃两种温度计，根据所测温度可选用不同的温度计。一般选用的温度计要高于被测温度 10～20 ℃。

5. 仪器的装配与拆卸

安装仪器时，应选好主要仪器的位置，要先下后上，先左后右，逐个将仪器边组装边固定。拆卸的顺序与组装相反。拆卸前，应先停止加热，移走热源，待稍微冷却后，先取下产物，然后再逐个拆掉。拆冷凝管时注意不要将水洒到电炉或电热套上。

6. 电器设备

实验室有很多电器设备，使用时应注意安全，并保持这些设备的清洁，千万不要将药品洒到设备上。

（1）烘箱　实验室一般使用的是恒温鼓风干燥箱，主要用于干燥玻璃仪器或无腐蚀性、稳定性好的药品。使用时应先调好温度(烘玻璃仪器一般控制在 100～110 ℃)。刚洗好的仪器应将水擦干后再放入烘箱中。烘仪器时，将烘热干燥的仪器放在上边，湿仪器放在下边，以防湿仪器上的水滴到热仪器上造成仪器炸裂。热仪器取出后，不要马上碰冷的物体如水、金属用具等。带旋塞或具塞的仪器，应取下塞子后再放入烘箱中烘干。

（2）气流烘干器　气流烘干器是一种用于快速烘干仪器的设备，如图 1-7。使用时，将仪器洗干净后甩掉多余的水分，然后将仪器套在烘干器的多孔金属管上。注意随时调节热空气的温度。气流烘干器不宜长时间加热，以免烧坏电机和电热丝。

（3）电热套　电热套是用玻璃纤维丝与电热丝编织成半圆形的内套，外加上金属外壳，中间填上保温材料，如图 1-8 所示。根据内套直径的大小分为 50 mL、100 mL、150 mL、200 mL、250 mL 等规格，最大可到 3 000 mL。此设备不用明火加热，使用较安全。由于它的结构是半圆形的，在加热时，烧瓶处于热气流中，因此，加热效率较高。使用时应注意，不要将药品洒在电热套中，以免加热时药品挥发污染环境，同时避免电热丝被腐蚀断开。用完后放在干燥处，否则内部吸潮后会降低绝缘性能。

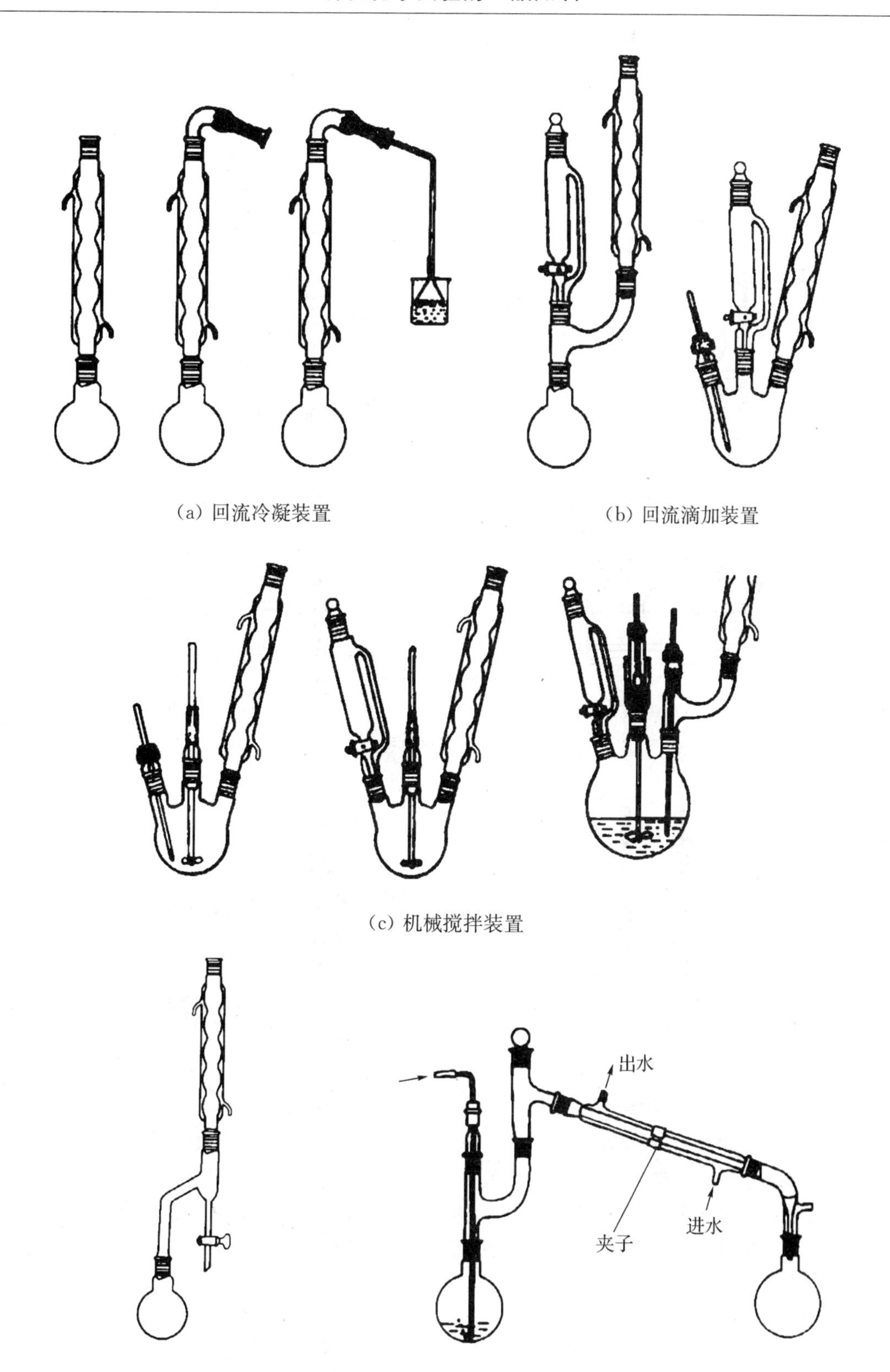

(a) 回流冷凝装置　(b) 回流滴加装置

(c) 机械搅拌装置

(d) 带分水器的回流装置　(e) 水蒸气蒸馏装置

图 1-5　常量反应装置图

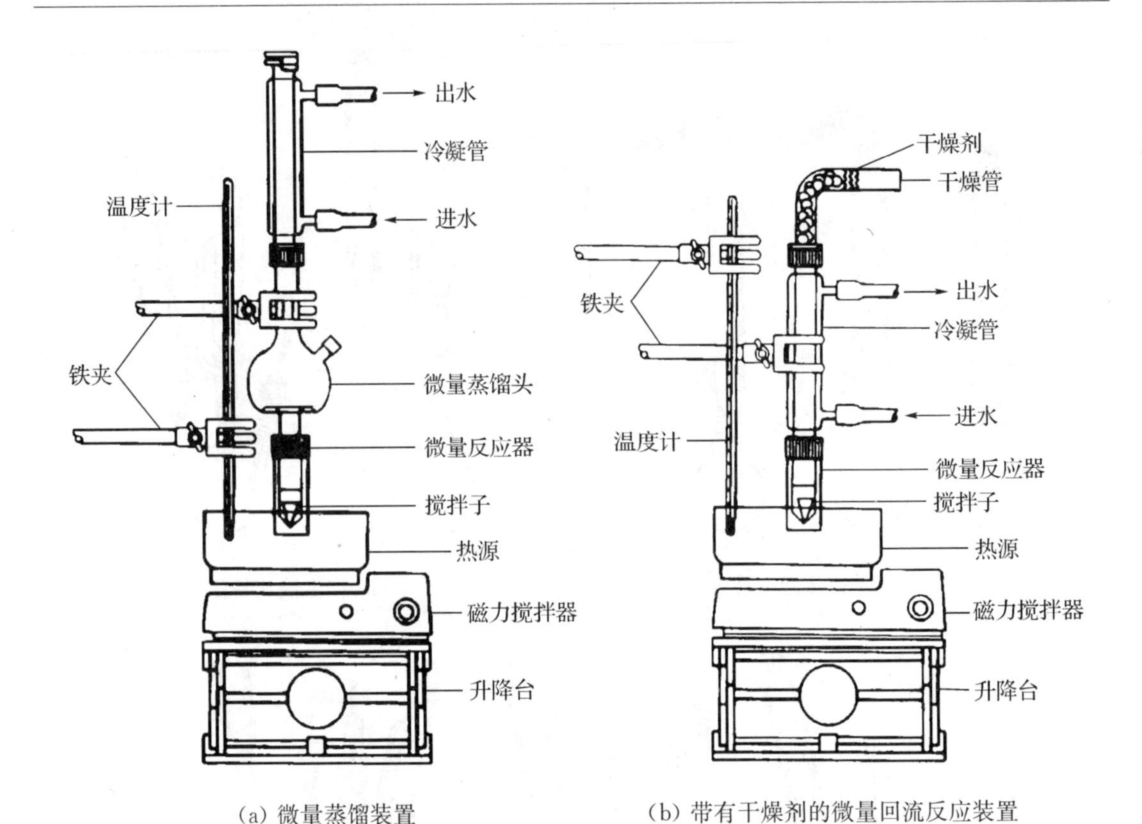

(a) 微量蒸馏装置　　(b) 带有干燥剂的微量回流反应装置

图 1-6　微量反应装置图

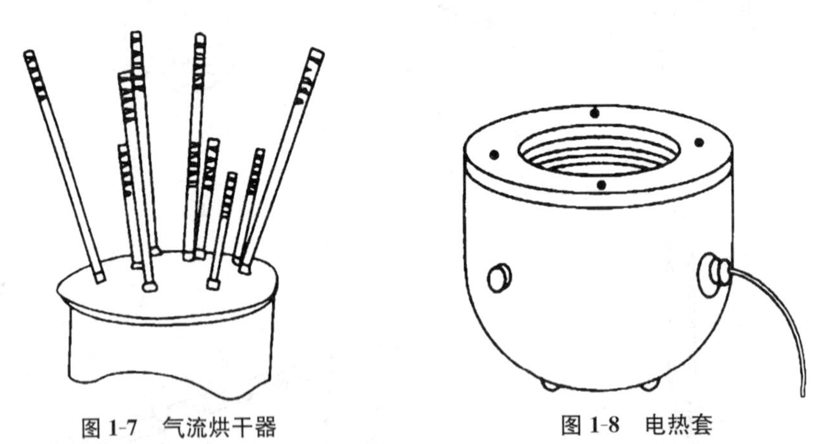

图 1-7　气流烘干器　　**图 1-8　电热套**

(4) 调压变压器　调压变压器分为两类,一类可与电热套相连用来调节电热套温度,另一类可与电动搅拌器相连用来调节搅拌器速度。也可将两种功能集中在一台仪器上,这样使用起来更为方便。但是两种仪器由于内部构造不同不能相互串用,否则会将仪器烧毁。使用时应注意以下几点:

① 先将调压器调至零点,再接通电源。

② 使用旧式调压器时,应注意安全,要接好地线,以防外壳带电。注意输出与输入端不要接错。

③ 使用时,先接通电源,再调节旋钮到所需的位置(根据加热速度或搅拌速度来调节)。调节变换时,应缓慢进行。无论使用哪种调压变压器都不能超负荷运行,最大使用为满

负荷的 2/3。

④ 用完后将旋钮调至零点，关上开关，拔掉电源插头，放在干燥通风处，应保持调压变压器的清洁，以防腐蚀。

(5) 搅拌器　一般用于反应时搅拌液体反应物，搅拌器分为电动搅拌器和电磁搅拌器。使用电动搅拌器时，应先将搅拌棒与电动搅拌器连接好，再将搅拌棒用套管或塞子与反应瓶连接固定好，搅拌棒与套管的固定一般用乳胶管，乳胶管的长度不要太长也不要太短，以免由于摩擦而使搅拌棒转动不灵活或密封不严。在开动搅拌器前，应用手先空试搅拌器转动是否灵活，如不灵活应找出摩擦点，进行调整，直至转动灵活。如是电机问题，应向电机的加油孔中加一些机油，以保证电机转动灵活或更换新电机。电磁搅拌器能在完全密封的装置中进行搅拌。它由电机带动磁体旋转，磁体又带动反应器中的磁子旋转，从而达到搅拌的目的。电磁搅拌器一般都带有温度和速度控制旋钮，使用后应将旋钮回零，使用时应注意防潮防腐。

7. 其他设备

实验室还有一些辅助设备，如称量设备、减压设备等。使用时应注意正确使用，以保证设备的灵敏度及准确性。

(1) 电子天平　电子天平是实验室常用的称量设备，尤其在微量、半微量实验中经常使用。电子天平是一种比较精密的称量仪器，其设计精良，可靠耐用(图 1-9)。它采用前面板控制，具有简单易懂的菜单，可自动关机。

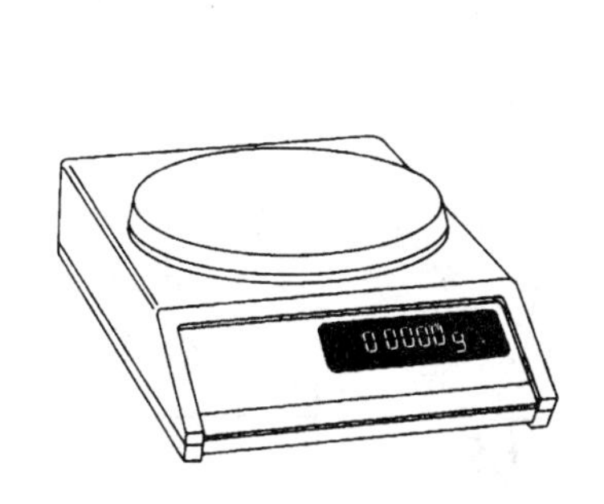

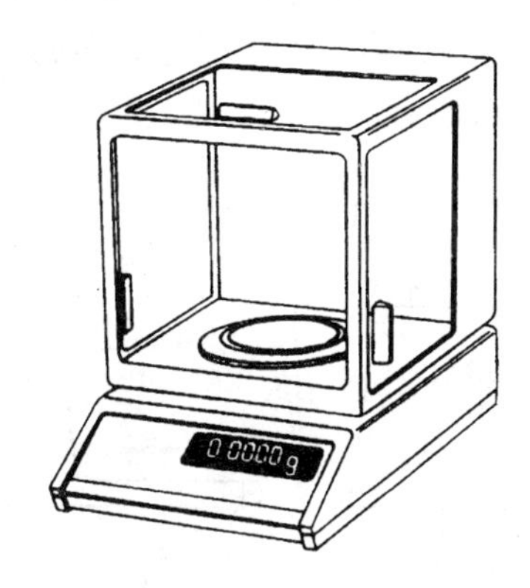

图 1-9　电子天平

电子天平是一种比较精密的仪器，使用时应注意维护和保养：

① 天平应放在清洁、稳定的环境，以保证测量的准确性。勿放在通风、有磁场或产生磁场的设备附近，勿在温度变化大、有震动或存在有腐蚀性气体的环境中使用。

② 请保持机壳和称量台的清洁，以保证天平的准确性，可用蘸有柔性洗涤剂的湿布擦洗。

③ 将校准砝码存放在安全干燥的场所，在不使用时拔掉电源。

④ 使用时，请不要超过天平的最大量程。

电子天平(BS110S)使用方法如下：

① 调节水平：调整地脚螺栓高度，使水平仪内空气泡位于圆环中央；水平调节好后，天平不要随便移动位置。

② 预热：天平在初次接通电源或长时间断电后，至少需要预热 30 分钟。方法是插上电

源，这时显示器右上方显示“0”，预热三十分钟后，按下 ON/OFF 键接通显示器，再按下 ON/OFF 键关闭显示器，若此时左下方显示“0”，则表示预热完成。此时天平处于待机状态。

③ 接通显示器、仪器自检：按下 ON/OFF 键接通显示器后，电子称量系统自动进行自检，当显示器显示“0”时，自检结束。

④ 校正：当天平首次使用、改变工作场所或工作环境时，都需要进行校正。方法是按校正键 CAL，天平将显示所需校正的砝码质量，放上相应的砝码，仪器自动校正，出现“g”时校正结束。如果在校正时出现故障，则在显示器显示“Err02”。这时必须重复清零操作，并在显示器显示“0”时重新按下 CAL 键。

⑤ 称量：按下去皮键 TARE，去皮清零，放置样品进行称量。如果用差减称量法，先将装有试样的称量瓶放在秤盘上，然后清零，将称量瓶中的试样转移到烧杯中，然后再将称量瓶放在秤盘上，这时显示器上所显示的数字的绝对值就为转移到烧杯中试样的质量。

⑥ 关机：称量结束后，按下 ON/OFF 关闭显示器即可，天平应一直保持通电状态，这样可延长天平使用寿命。

(2) 循环水多用真空泵　循环水多用真空泵是以循环水作为流体，利用射流产生负压的原理而设计的一种新型多用真空泵，广泛用于蒸发、蒸馏、结晶、过滤、减压、升华等操作中。由于水可以循环使用，避免了直排水的现象，节水效果明显。因此，是实验室理想的减压设备。水泵一般用于对真空度要求不高的减压体系中。图 1-10 为 SHZ-D(Ⅲ)型循环水多用真空泵的外观示意图。

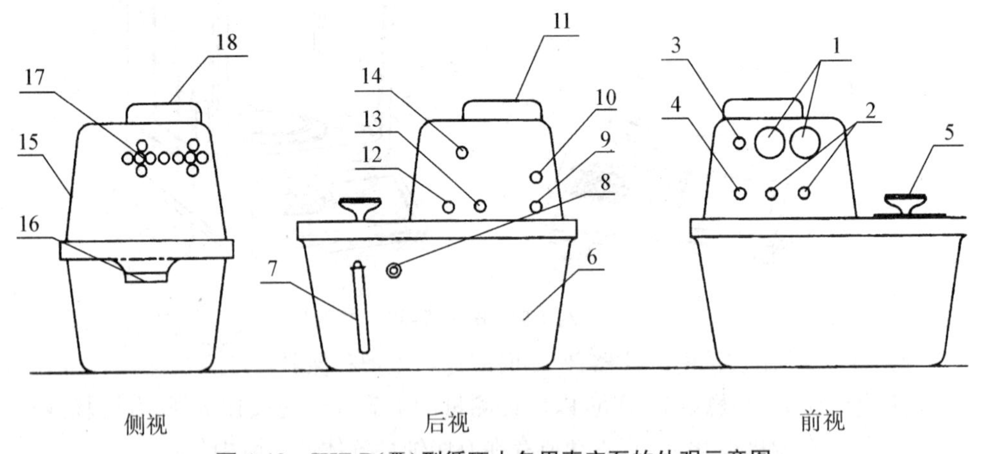

图 1-10　SHZ-D(Ⅲ)型循环水多用真空泵的外观示意图

1—真空表；2—抽气嘴；3—电源指示灯；4—电源开关；5—水箱上盖手柄；6—水箱；7—放水软管；8—溢水嘴；9—电源线进线孔；10—保险座；11—电机风罩；12—循环水出水嘴；13—循环水进水嘴；14—循环水开关；15—上帽；16—水箱把手；17—散热孔；18—电机风罩

使用时应注意：

① 真空泵抽气口最好接一个缓冲瓶，以免停泵时，水被倒吸入反应瓶中，使反应失败。

② 开泵前，应检查是否与体系接好，然后，打开缓冲瓶上的旋塞。开泵后，用旋塞调至所需要的真空度。关泵时，先打开缓冲瓶上的旋塞，拆掉与体系的接口，再关泵。切忌相反操作。

③ 应经常补充和更换水泵中的水，以保持水泵的清洁和真空度。

(3) 油泵　油泵也是实验室常用的减压设备。油泵常在对真空度要求较高的场合下使用。油泵的效能取决于泵的结构及油的好坏(油的蒸气压越低越好)，好的真空泵能抽到 10～100 Pa 以上的真空度。油泵的结构越精密，对工作条件要求就越高。图 1-11 为油泵及保护系统示意图。

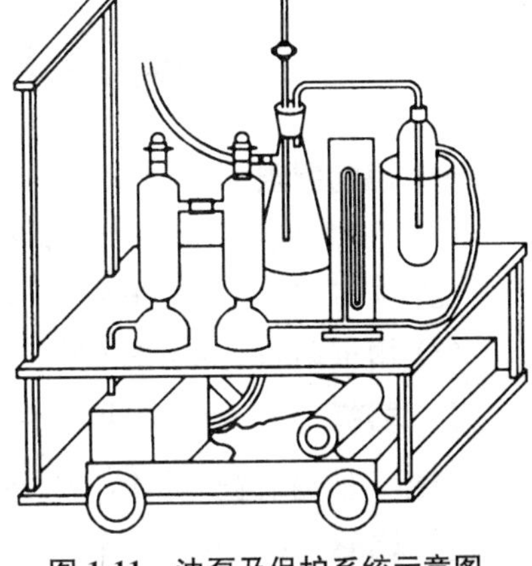

图 1-11　油泵及保护系统示意图

在油泵进行减压蒸馏时，溶剂、水和酸性气体会造成对油的污染，使油的蒸气压增加，降低真空度，同时这些气体可以引起泵体的腐蚀。为了保护泵和油，使用时应注意做到：

① 定期检查，定期换油，防潮防腐蚀。

② 在泵的进口处放置保护材料，如石蜡片(吸收有机质)、硅胶(吸收微量的水)、氢氧化钠(吸收酸性气体)、氯化钙(吸收水汽)和冷阱(冷凝杂质)。

(4) 真空压力表　真空压力表常用来与水泵或油泵连接在一起使用，测量体系内的真空度。常用的压力表有水银压力计、真空压力表，见图 1-12 所示。在使用水银压力计时应注意：停泵时，先慢慢打开缓冲瓶上的放空阀，再关泵。否则，由于汞的密度较大(13.9 g/cm^3)，在快速流动时，会冲破玻璃管，使汞喷出，造成污染。在拉出和推进泵车时，应注意保护水银压力计。

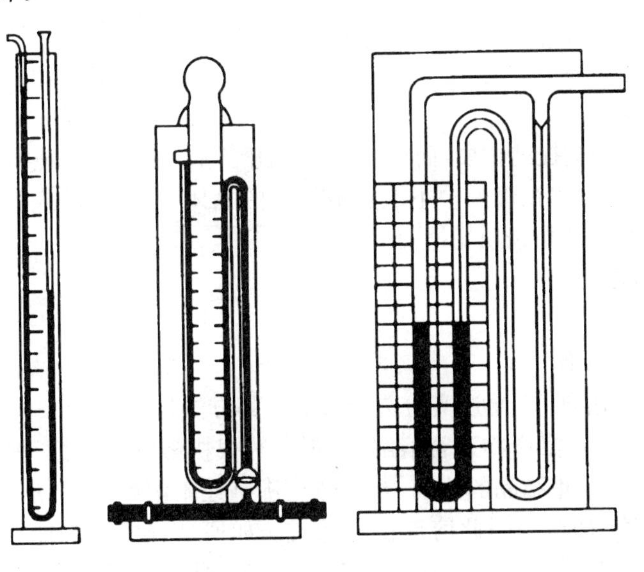

(a) U 形管水银压差计

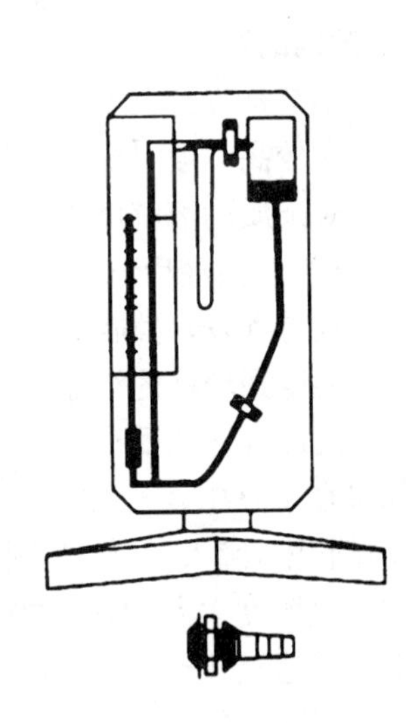

(b) 莫氏真空规

图 1-12　压力计

实验1　重结晶及过滤操作

一、目的要求

(1) 掌握重结晶的基本原理和选择溶剂的一般规则。

(2) 练习溶解、脱色、热过滤、抽滤和结晶等基本操作。

(3) 用重结晶法纯化苯甲酸。

二、器材

烧杯　抽滤装置　量筒　台秤　表面皿　石棉网　漏斗　热水漏斗

三、药品

粗苯甲酸　活性炭

四、概述

从自然界或有机化学反应中分离出来的化合物往往是不纯的，通常称之为粗产物。粗产物中常常混有一些杂质，如未作用的原料、催化剂和副产物等，必须加以纯化。提纯固体有机物最常用的方法是重结晶。固体物质的溶解度多数随着温度的上升而增大，将有机物溶解在热的溶剂中制成饱和液，趁热过滤以滤去不溶性杂质，滤液冷却后，此时的有机物通常以纯净的状态重新结晶析出，滤出母液中的杂质而得到较纯净的固体，此法称为重结晶。

重结晶的一般过程如下：

1. 溶剂的选择

(1) 不与被提纯物发生化学反应。

(2) 在较高温度时能溶解较多的被提纯物质，而在低温时只能溶解较少的被提纯物质。

(3) 对杂质的溶解度很大(使杂质留在母液中不能随被提纯的晶体一起析出)或者很小(在制成热饱和溶液后，可以经趁热过滤把杂质滤掉)。

(4) 较易挥发，易与结晶分离除去。

(5) 能得到较好的结晶。

(6) 无毒或毒性很小，便于安全操作。

如果在文献中查找不到合适的溶剂，应通过实验选择溶剂。其方法是：取0.1 g产物放入一支试管中，滴入1 mL溶剂，振荡观察产物是否溶解，若不加热很快溶解，说明产物在此溶剂中的溶解度太大，不适合作此产物重结晶的溶剂；若加热至沸腾还不溶解，可补加溶剂，当溶剂用量超过4 mL产物仍不溶解时，说明此溶剂也不适宜。如所选择的溶剂能在1～4 mL溶剂沸腾的情况下使产物全部溶解，并在冷却后能析出较多的晶体，说明此溶剂适合作为此产物重结晶的溶剂。实验中应同时选用几种溶剂进行比较，有时很难选择到一种较为理想的单一溶剂，这时应考虑采用混合溶剂重结晶。

混合溶剂一般由两种能以任何比例混溶的溶剂组成，其中一种溶剂对产物的溶解度较大，称为良溶剂；另一种溶剂则对产物溶解度很小，称为不良溶剂。操作时先将产物溶于沸腾或接近沸腾的良溶剂中，滤掉不溶杂质或经脱色后的活性炭，趁热在滤液中滴入热的不良溶剂，至滤液变浑浊为止，再加热或滴加良溶剂，使滤液转变为澄清，放置冷却，使结晶全部析出。如果冷却后析出油状物，需要调整两溶剂的比例，再进行实验，或另换一对溶剂。有时也可以将两种溶剂按比例预先混合好，再进行重结晶。常用的混合溶剂如下：乙醇—水、乙醚—甲醇、乙酸—水、乙醚—丙酮、丙酮—水、乙醚—石油醚、吡啶—水、苯—石油醚。

2. 加热溶解

将待重结晶的固体置于圆底烧瓶中或锥形瓶中，加入比需要量略少的适当溶剂，加热到沸腾（若溶剂易燃或有毒时，应装上回流冷凝管并避免使用明火加热）。若未完全溶解，应沸腾一会儿再观察；若瓶中仍有固体或油状物，可分次加入少量溶剂，直到固体溶解。溶剂的用量对重结晶的回收率和产品质量影响很大，从减少溶解损失角度而言，溶剂要少用些，但热过滤时溶剂挥发，结晶将在滤纸中析出，会带来很大麻烦。从操作方便而言，溶剂又必须过量些，但溶剂的过量又会造成回收率的降低，所以要综合考虑。一般常规操作时溶剂过量在 20%左右为宜。

3. 脱色

粗制的固体有机物若含有色杂质时，可用活性炭脱色。活性炭有很大的表面积，具有较强的吸附能力，它既可以吸附杂质，又会吸附产品，因此用量不宜过多，一般是粗制品的 2%～5%。活性炭不能在溶液接近或正在沸腾时加入，这样会引起爆沸，造成危险。

4. 热过滤

热过滤目的是去除不溶性杂质。为了尽量减少过滤过程中晶体的损失，操作时应做到：仪器热、溶液热、动作快。为了使热过滤进行得快，通常一是用短颈漏斗或热水漏斗，二是用折叠式滤纸。折叠式滤纸（又称菊花式滤纸或扇形滤纸）有较大的过滤面积，可以加速过滤，减少在过滤时析出晶体的机会。折叠滤纸的折叠方法（图 2-1）：取一张滤纸，先一折为二，形成折痕 1～3；再折成四分之一，形成折痕 2～4；然后把滤纸打开成半圆形，并把折痕 1～2、2～3 分别折到折痕 2～4 处，形成折痕 2～6 和 2～5；再把折痕 1～2 折向 2～5，折痕 2～3 折向 2～6，分别形成折痕 2～8 和 2～7；然后再把折痕 1～2 折向 2～6，折痕 2～3 折向 2～5，分别形成折痕2～10 和 2～9；最后在八个等分的每一小格中间，以相反方向折成 16 等份，结果得到折扇一样的排列，展开滤纸。在原折痕 1～2 和 2～10 之间，折痕 2～3 和 2～9 之间再向相反方向各折一折痕，由此即得菊花形滤纸。

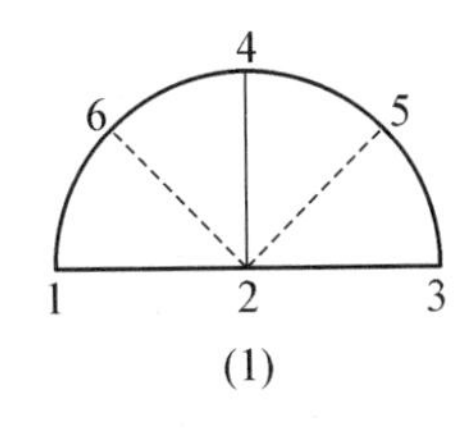

(1)

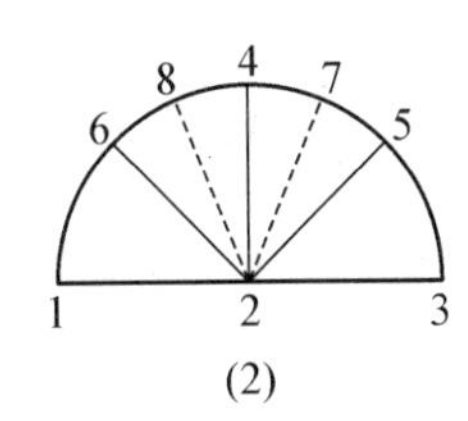

(2)

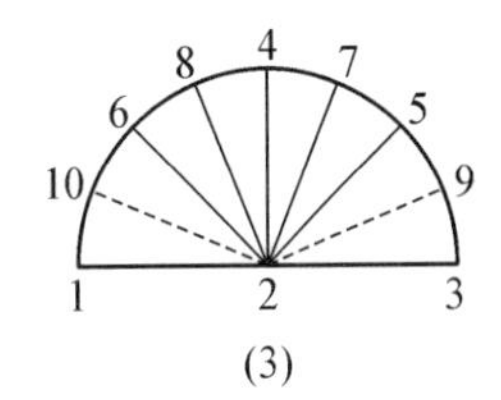

(3)

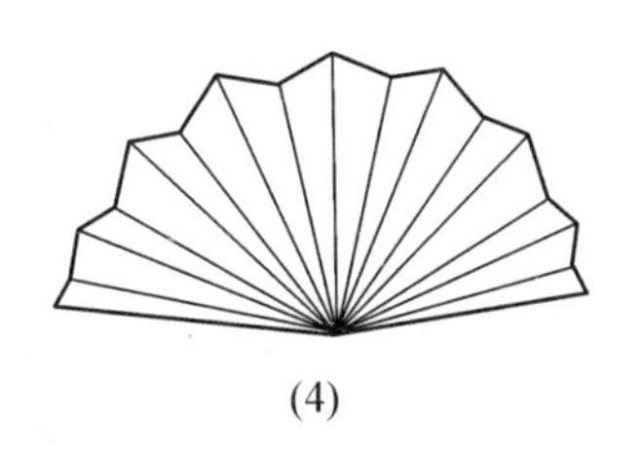
(4)

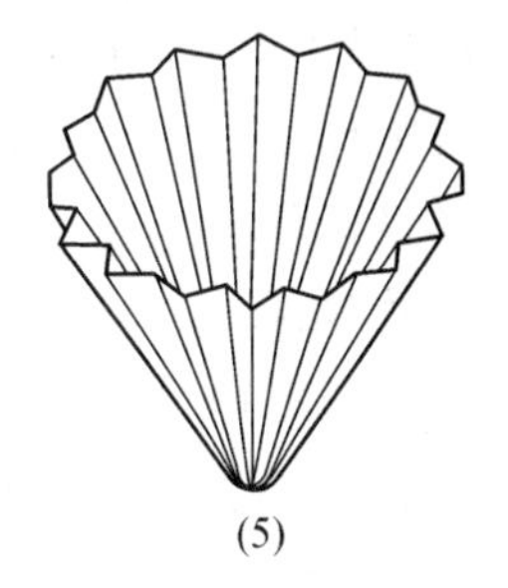
(5)

图 2-1　折叠式滤纸的折叠顺序

折叠时要注意，滤纸中央圆心部位不要用力折，以免破裂。使用时把滤纸放入漏斗中，先用少量热溶剂湿润滤纸，将待过滤的溶液沿玻棒小心倒入漏斗中的折叠滤纸内。热滤时动作要快，以免液体或仪器冷却后，晶体过早地在漏斗中析出；如发生此现象，应用少量热溶剂洗涤，使晶体溶解进入到滤液中。如晶体在漏斗中析出太多，应重新加热溶解再进行热过滤。

5. 结晶

将滤液在室温下静置，一般可有晶体析出。若溶液已冷却而过饱和，仍未析出晶体，可用玻璃棒摩擦瓶壁，以形成粗糙表面。溶质分子在粗糙表面上较光滑表面上容易排列形成晶体，或者加入少量同一物质的晶体作为晶种，以供给晶核，使晶体快速生成。若被纯化物质呈油状物析出，应将析出油状物的溶液加热重新溶解，然后慢慢冷却，同时剧烈搅拌，使溶质在均匀分散的情况下迅速固化。

6. 抽气过滤

抽气过滤（又叫抽滤、吸滤或减压过滤）的目的是使析出的晶体从母液中分离出来。吸滤装置由布氏漏斗、吸滤瓶和水泵组成。布氏漏斗用橡皮塞固定在吸滤瓶上，布氏漏斗下端的缺口应对着吸滤瓶的侧管，吸滤瓶和水泵之间用厚橡皮管连接。布氏漏斗中所放的滤纸直径要略小于布氏漏斗底板的内径，并须盖住所有小孔。过滤前先用少量溶剂湿润滤纸，然后慢慢开动水泵，使滤纸紧贴在底板上，然后将固体转移到漏斗中，待溶剂抽干后，用干净的玻璃瓶塞在晶体上轻压，尽量除去母液（图 2-2）。为了再除去晶体表面的母液，须用少量溶剂洗涤晶体。方法是：先拔去吸滤瓶侧管的橡皮管，用少量溶剂均匀洒在晶体上，使晶体刚好被溶剂盖住，再用玻璃棒或不锈钢小勺小心搅动晶体，重新接好橡皮管进行抽滤，重复上述洗涤操作两次。在关闭水泵前切记要先使吸滤瓶通大气，以防止水泵中的水倒流。

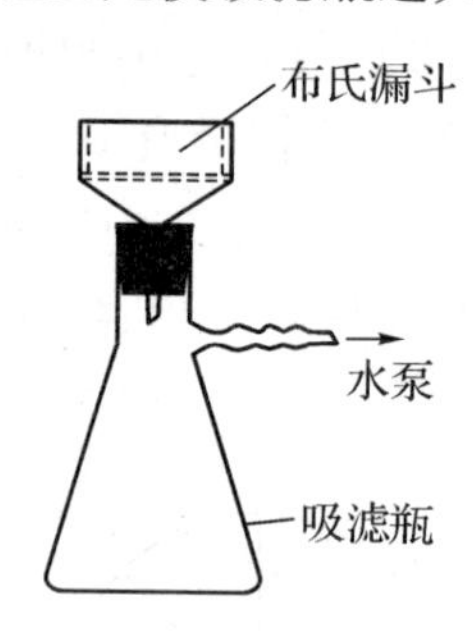

图 2-2 抽滤装置

7. 干燥

为了保证产品的纯度，需要将晶体进行干燥，把溶剂彻底去除。当使用的溶剂沸点比较低时，可在室温下使溶剂自然挥发达到干燥的目的。当使用的溶剂沸点比较高（如水），而产品又不易分解和升华时，可用红外灯烘干。当产品易吸水或吸水后易发生分解时，应使用真空干燥器进行干燥。

五、实验内容

称取 2 g 粗苯甲酸置于 250 mL 锥形瓶中，加水 100 mL 在石棉网上小心加热至沸，待苯甲酸溶解后移去热源，让溶液稍冷后慢慢加入少量活性炭脱色，然后继续加热煮沸 1～2 min，并不断搅拌，使活性炭吸附有色物质。停止加热并趁热过滤，方法是：在一只热水漏斗（预先加热）中放入折叠式滤纸，漏斗下接 250 mL 锥形瓶，边加热边过滤。过滤完毕，将滤液静置冷却，即有片状晶体析出。待滤液冷透（可将锥形瓶放入冷水中），晶体完全析出后再进行抽气过滤，最后把所得晶体转移到表面皿上，90 ℃烘干，即得纯净的苯甲酸。将所得的苯甲酸称重并计算回收率。

思考题

1. 重结晶的原理是什么？一种理想的溶剂应该具备哪些条件？
2. 用活性炭脱色的原理是什么？操作时要注意什么？
3. 使用布氏漏斗过滤要注意哪些事项？

实验 2　萃取与升华的基本操作

一、目的要求

(1) 熟悉萃取的原理和方法。

(2) 掌握萃取的基本操作。

(3) 初步掌握用升华法精制有机化合物的操作。

二、器材

分液漏斗　小量筒　锥形瓶　点滴板　索氏提取器　磨口烧瓶　冷凝管　蒸馏头　接液管　水浴锅　铁架台　蒸发皿　滤纸　玻璃漏斗　坩埚钳

三、药品

0.8%碘溶液　四氯化碳　茶叶　95%乙醇

四、概述

1. 萃取

使溶质从一种溶剂中转移到与原溶剂不相混溶的另一种溶剂中，或使固体混合物中的某种或某几种成分转移到溶剂中去的过程称为萃取，也称提取或抽提。萃取是富集或纯化有机物的重要方法之一。应用萃取可以从固体或液体混合物中提取所需要的物质，也可以用来除去物质中的杂质。前者称为提取或抽提，后者常称为洗涤。根据萃取两相的不同，萃取可分为液—液萃取、液—固萃取、液—气萃取。从溶液中萃取一般在分液漏斗中进行，而从固体中萃取则用索氏(Soxhlet)提取器(也叫脂肪提取器)。作为萃取用的溶剂须符合下列要求：

(1) 对被分离物质溶解度大(分配系数 K 大)，对杂质很少溶解。

(2) 与被提取液的互溶度要小。

(3) 有适宜的比重、沸点、黏度。

(4) 性质稳定和毒性小。

常用的溶剂有乙醚、石油醚、二氯甲烷、氯仿和苯等。

溶解的物质在两个液相之间的分配比例取决于能斯特分配定律：$c_A/c_B=K$。根据该方程，物质溶解在互不相溶的两个液相 A 和 B 中呈平衡状态时，其浓度 c 之比在一定温度下为常数(分配系数 K)，但只有在低浓度下以及溶解物质在两相中的缔合状态相同时才适用该方程。影响萃取效率的主要因素包括：被萃取的物质在萃取剂与原溶液两相之间的平衡关系，在萃取过程中两相之间的接触情况。这些因素都与萃取次数和萃取剂的选择有关。当物质在萃取剂中比在另一相中易溶得多，分配系数 K 很大时，物质萃取就很容易。但当物质的分配系数 K 小于 100，仅仅依靠简单的萃取就不足以解决问题，必须用新鲜溶剂萃取多次。

例如　已知有 6 g 物质(M)溶解在 100 mL 水中，如果用 50 mL 乙醚提取该水溶液中的 M，已知其分配系数 $K=3$。

设 W 为提取时溶解在乙醚中物质 M 的质量，则

$$\frac{\frac{W}{50}}{\frac{6-W}{100}}=3 \qquad W=3.6\ \text{g}$$

如果把 50 mL 乙醚分两次去萃取，同样可计算两次萃取的总和：

第一次萃取　$$\frac{\frac{W_1}{25}}{\frac{6-W_1}{100}}=3 \qquad W_1=2.57\ \text{g}$$

第二次萃取　$$\frac{\frac{W_2}{25}}{\frac{6-W_1-W_2}{100}}=3 \qquad W_2=1.47\ \text{g}$$

（W_1 和 W_2 分别为二次萃取物的质量）

$$W_{总}=W_1+W_2=2.57+1.47=4.04\ (\text{g})$$

由上式计算可看出一定量的溶剂作一次萃取不如多次萃取效率高。当萃取次数大于 5 次时，萃取效率增加就不明显了，所以一般同体积溶剂分 3～5 次萃取即可。

液—固萃取是从固体混合物中萃取所需要的物质，利用固体物质在溶剂中的溶解度不同达到分离、提纯的目的。通常采用浸出法或加热提取法。浸出法是借溶剂对固体混合物长时间的浸渍，使易溶的物质与难溶的物质加以分离。这种方法虽不需要特殊器皿，但耗时、费溶剂，而且效率不高。实验室常采用加热回流法和索氏提取器提取法来提取和分离有机化合物。索氏提取器（又称脂肪提取器，图 3-1）是利用回流及虹吸原理，使固体物质连续多次为溶剂所萃取，效率较高。

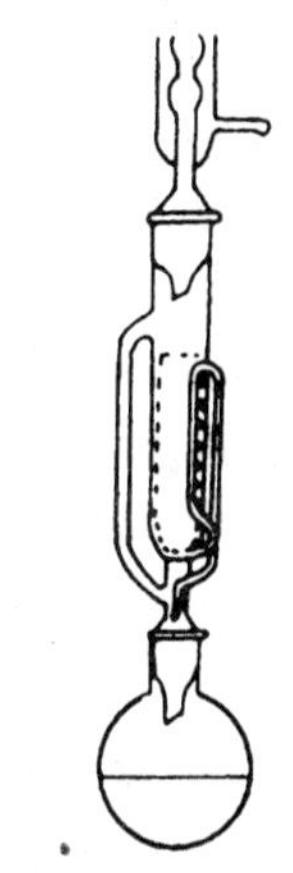

图 3-1　索氏提取器

用索氏提取器萃取前应先将固体物质研细，以增加溶剂的浸润面积，然后将固体物质放在滤纸套内，置于提取器中。提取器的下端通过磨口和盛有萃取剂的蒸馏烧瓶相连，上端接冷凝管。当萃取剂沸腾时，蒸气沿玻璃管上升，被冷凝管冷凝成为液体，再滴入提取器中，当溶剂液面超过虹吸管的最高处时，即虹吸流回烧瓶，萃取出溶于溶剂的部分物质。经过反复萃取，固体的可溶物便可富集到烧瓶中。

2. 升华

升华是指物质自固态不经过液态直接变为蒸气的现象，是纯化固体有机物的一种方法。能用升华法纯化的物质必须满足：① 在其熔点以下具有相当高的蒸气压（>2.67 kPa）；② 杂质的蒸气压与被纯化的固体有机物的蒸气压之间有显著的差异。用升华法常可得到纯度较高的产物，但操作时间长，损失也较大，在实验室里只用于较少量（1～2 g）物质的纯化。

升华常在蒸发皿中进行。将充分干燥待升华的物质放入蒸发皿中，在蒸发皿口上盖一张刺有密集小孔的滤纸，滤纸上倒扣一个口径比蒸发皿略小的玻璃漏斗，漏斗颈部塞一些疏松的棉花（图 3-2）。在砂浴或石棉网上将蒸发皿缓慢加热，温度控制在被纯化物的熔点以下，使其慢慢气化升华，升华物质即黏附在滤纸或漏斗的内壁上。用刮刀小心地将产品从滤纸及漏斗壁上刮下，放在表面皿上，称量。

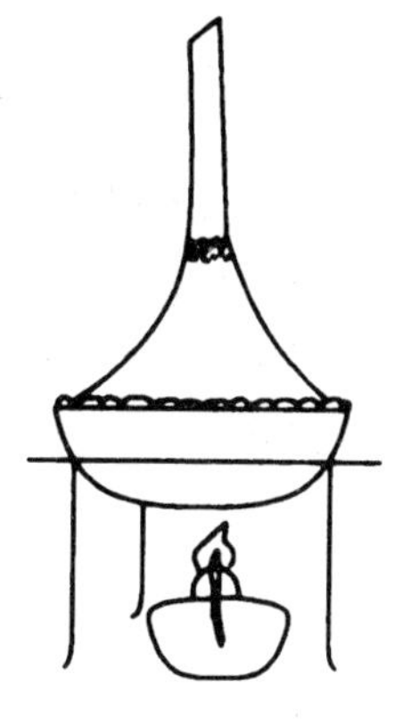

图 3-2　升华装置

五、实验内容

1. 液—液萃取

(1) 一次萃取

萃取时所选择的分液漏斗的容积应较萃取溶剂和被萃取溶液体积之和大一倍左右，在操作前先检查它的活塞和顶塞与磨口是否匹配。然后用量筒量取碘液 15 mL 置于分液漏斗中，并加 9 mL 四氯化碳，塞紧顶塞，按图 3-3 用右手手掌顶住漏斗上端塞，右手手指握住漏斗颈部，左手握住漏斗下端的玻璃活塞，大拇指、食指和中指控制活塞柄的旋转，其余两指垫在活塞座下边，关闭活塞，两手同时振摇分液漏斗，每振摇几下后应将漏斗下端向上倾斜，打开活塞放出四氯化碳蒸气[1]。如此重复 3～4 次后连续振摇 1～2 min，然后将漏斗静置在铁圈上，等其自行分层[2]。等液体分成清晰的上下两层后，先取下上端玻塞，让下层四氯化碳放入锥形瓶中，到快分离完毕时，关闭活塞，轻轻晃动分液漏斗，使粘在壁上的液体流下，再开启活塞使四氯化碳逐滴流出，待分离结束后，立刻关闭活塞。剩下的溶液则从分液漏斗上口倒在另一只锥形瓶中(四氯化碳萃取液倒入回收瓶)[3]。

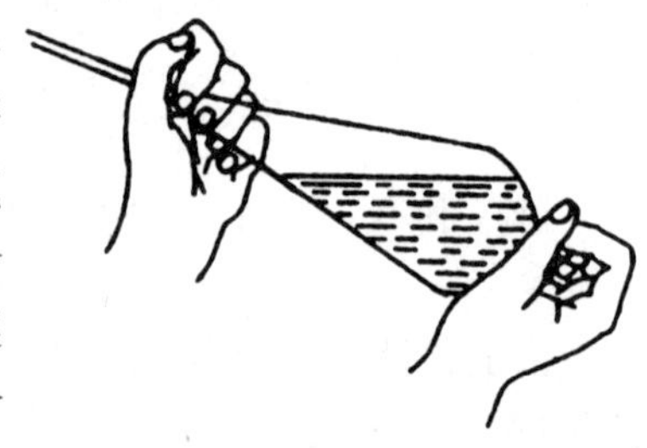

图 3-3　分液漏斗振荡示意图

(2) 分次萃取

另取 15 mL 碘溶液，置于已洗净的分液漏斗中，用 9 mL 四氯化碳分三次萃取(每次 3 mL，依上法进行萃取)，最后把经过三次萃取后的水溶液收集于另一只锥形瓶中。比较一次萃取和多次萃取后水溶液颜色的深浅，记录并解释之。

2. 液—固萃取和升华

将滤纸做成与提取筒大小相适应的套袋，既要紧贴筒壁，又要取放方便，其高度不得超过虹吸管。称取茶叶末 10 g，放于滤纸纸套中，要防止茶叶漏出，纸套上面折成凹形，以保证回流液均匀浸润被萃取物。将装有茶叶末的滤纸套放进提取筒，在圆底烧瓶中加入 95%乙醇 110 mL 及几粒沸石，装好仪器，冷凝管通水后，回流抽提 2～3 h。当提取液颜色变得很淡，且冷凝液刚刚虹吸下去时，立即移去热源，停止提取。

冷却后，将提取液倒入 150 mL 蒸馏烧瓶中进行蒸馏，回收大部分乙醇，蒸馏瓶中残液(3～4 mL)倒入蒸发皿中，拌入 3 g 生石灰，然后置于水浴上蒸干，再移至石棉网上用小火焙炒，使水分全部除去。

冷却后，用纸擦去沾在边上的粉末，以免升华时污染产物。在蒸发皿上面覆盖刺有许多小孔的滤纸，然后取一只大小合适的玻璃漏斗，罩在蒸发皿上(滤纸直径比漏斗约大 0.2 cm，盖在蒸发皿上时不可有缝隙)，用酒精灯加热升华。当纸上出现白色针状结晶时，要适当控制火焰，尽可能使升华速度放慢，提高结晶纯度。如发现有棕色烟雾时，即升华完毕，停止加热。冷却后，揭开漏斗和滤纸，仔细把附在纸上及器皿周围的咖啡因结晶用刮刀刮下。残渣经拌和后，用较大的火焰再热升华一次，合并两次升华收集的咖啡因。如产品不纯时，可用少量热水重结晶提纯(或放入微量升华管中再次升华)。

注释：

[1] 由于大多数萃取剂沸点较低，在萃取振荡的操作中能产生一定的蒸气压，再加上漏斗内原有溶液的蒸气压和空气的压力，其总压力大大超过大气压，足以顶开漏斗塞子而发生喷液现象，所以在振荡

几次后一定要放气。放气时漏斗下口向斜上方，朝向无人处。

[2] 在萃取时，由于剧烈的振摇（尤其是在碱性物质存在下），常常会产生乳化；或由于存在少量沉淀、两液相的密度相差较小及两溶剂发生部分互溶等，使两相不能清晰分层，难于分离。遇到这种现象时可以用以下方法破坏乳化：静置较长时间；加入少量电解质（如氯化钠等），利用盐析作用加以破坏。

[3] 液体分层后应正确判断水相和有机相，一般根据两相的密度来确定。如果一时判断不清，可取下层的少量液体，置于试管中，并滴加少量水，若分为两层，说明该液体为有机相。若加水后不分层，则是水相。

思考题

1. 萃取的原理是什么？为什么萃取也是分离提纯有机化合物的一种方法？
2. 影响萃取效率的因素有哪些？
3. 使用分液漏斗时要注意哪些事项？
4. 脂肪提取器有哪些优点？
5. 固体物质是否都可以用升华法进行提纯？在升华操作时，为什么加热温度一定要控制在被升华物熔点以下？

实验3　熔点的测定和温度计校正

一、目的要求

(1) 掌握熔点测定的原理和用途。

(2) 掌握毛细管法和显微熔点仪测定熔点的方法。

二、器材

毛细管熔点测定装置　显微熔点测定装置　温度计　长玻璃管　表面皿　熔点管　小橡皮圈

三、药品

液状石蜡　苯甲酸(纯与不纯两种)　尿素晶体

四、概述

熔点是固体化合物固液两相在大气压力下达成平衡时的温度。纯粹的固体有机化合物一般都有固定的熔点,即在一定大气压下,固液两相之间的变化是非常敏锐的,自初熔至全熔(称为熔程)温度差不超过 0.5～1 ℃。因此,熔点是鉴定固体有机化合物的一个重要的物理常数。图 4-1 是物质的蒸气压与温度的关系曲线图。曲线 SM 为物质固相的蒸气压与温度的关系;曲线 LM 为物质液相的蒸气压与温度的关系,在交点 M 处,固液两相并存,此时的温度 T_M 即为该物质的熔点。如果物质中含有杂质,相当于在溶剂中增加溶质,在一定的压力和温度下,导致溶液的蒸气压降低(图 4-1 中曲线 M_1L_1),因此含杂质的化合物其熔点 T_{M_1} 较纯粹者低,且熔程也较长,故可根据此现象定性地了解化合物的纯度。

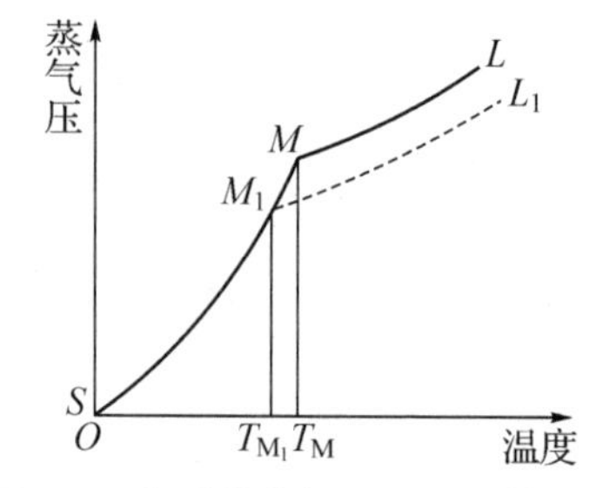

图 4-1　物质的蒸气压和温度的关系

五、实验内容

1. 毛细管法

(1) 样品的装填

取少许样品于干净的表面皿上,用刮刀研成粉末,聚成小堆,然后取一根熔点管(通常为内径约 1 mm,长 60～70 mm,一端封闭的毛细管),将熔点管的开口垂直插入粉末中,使粉末进入熔点管,然后把熔点管倒过来,开口向上,从一根垂直的长约 40 cm 的玻璃管中自由落到表面皿上,重复以上操作几次。熔点管内样品的高度为 2～3 mm,样品一定要研得极细,装填要均匀且紧密,使传热迅速均匀。粘在熔点管外的样品粉末要擦去,以免污染浴液。

(2) 测定熔点的装置

毛细管法测定熔点的装置很多,本实验仅介绍两种常用装置。

① 应用熔点测定管(Thiele 管或 b 形管),管中加浴液至高出上侧管时即可,如图 4-2 所示,浴液可根据被测物熔点的高低来定,常用的有液状石蜡、浓硫酸和硅油等。将 b 形管夹在铁架上,管口配一开口的单孔软木塞,将温度计插入软木塞孔中,刻度向着软木塞开口,温度计的水银球位于 b 形管两支管中间,将装好样品的毛细管用小橡皮圈固定在温度计下端,使

毛细管中的样品部分位于水银球中部，如图 4-3。注意橡皮圈应套在毛细管上端，不能让其触及浴液。在图 4-2 所示部位加热，受热的浴液在 b 形管中对流循环，使温度较为均匀。

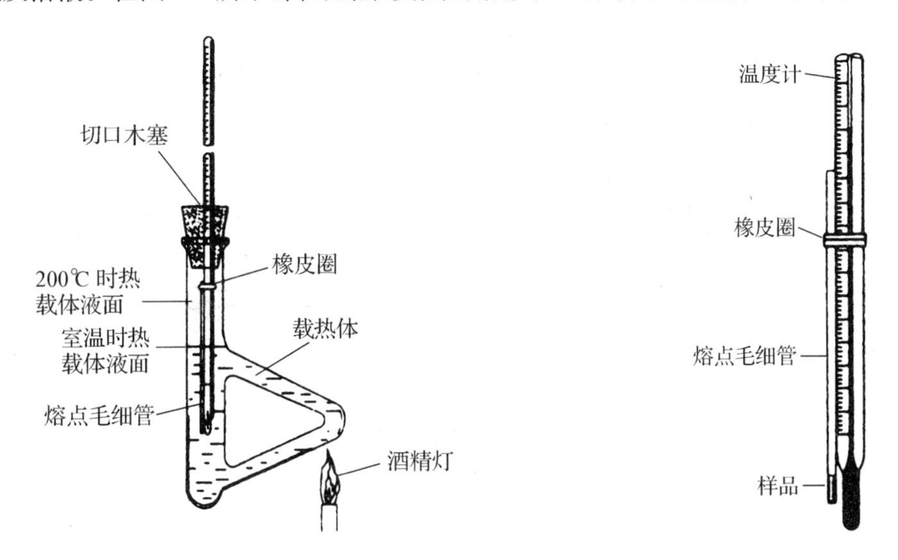

图 4-2　Thiele 管熔点测定装置　　　图 4-3　毛细管附在温度计上的位置

② 另一种方法是取一个 100 mL 烧杯，放入约 60 mL 浴液和搅拌磁子，将烧杯置于磁力加热搅拌器的铝板上，然后将装有样品的毛细管用橡皮圈固定在温度计上，橡皮圈的高度以不触及浴液为宜，样品部位置于温度计水银球的中部，最后把温度计用绳子挂在铁夹上，调节铁夹的高度使温度计的水银球正好插入浴液的中部。

(3) 熔点测定

对一未知熔点的固体样品测定，一般先进行粗测，以每分钟升温 5～6 ℃的速度加热，仔细观察，当样品熔化时立即读出温度计所示温度，测出一个大概的熔点，此为粗测。然后停止加热，让热浴液温度下降 10～20 ℃，换一支新的装有样品的毛细管，作第二次测定。先慢慢加热，使每分钟升温 1～2 ℃(一般在加热中途停止加热，观察温度是否上升，如停止加热，温度也停止上升，说明加热速度是比较合适的)。当温度快接近熔点时，仔细观察毛细管中样品的变化，当管内样品开始塌落并出现小液滴时，表示样品开始熔化，记下此时温度(称为初熔温度)，当固体完全消失时，记下此时温度(称为全熔温度)，所得数据即为该物质的熔程。熔点测定过程中还要观察和记录在加热过程中是否有萎缩、变色、发泡、升华及炭化等现象，以供分析参考。熔点测定至少要有两次重复数据，每次要用新毛细管重新装入样品，两次熔点的误差不可超过±1 ℃。

用上述方法测定纯与不纯的苯甲酸熔点(用液状石蜡浴液)。

2. 显微熔点仪测定熔点(微量熔点测定法)

在干净且干燥的载玻片上放微量晶粒，再盖上一片盖玻片，放在加热台上，调节反光镜、物镜和目镜，使显微镜焦点对准样品，开启加热器，先快速后慢速加热，温度快升至熔点时，控制温度上升的速度为每分钟 1～2 ℃，当样品结晶棱角开始变圆时，表示熔化已开始，结晶形状完全消失表示熔化已完成。可以看到样品变化的全过程，如结晶的失水、多晶的变化及分解。测毕停止加热，稍冷，用镊子拿走载玻片，将铝板盖放在加热台上，可快速冷却，以便再次测试或收存仪器。在使用这种仪器前必须仔细阅读使用指南，严格按操作规程进行。图 4-4 为显微熔点测定仪的示意图。

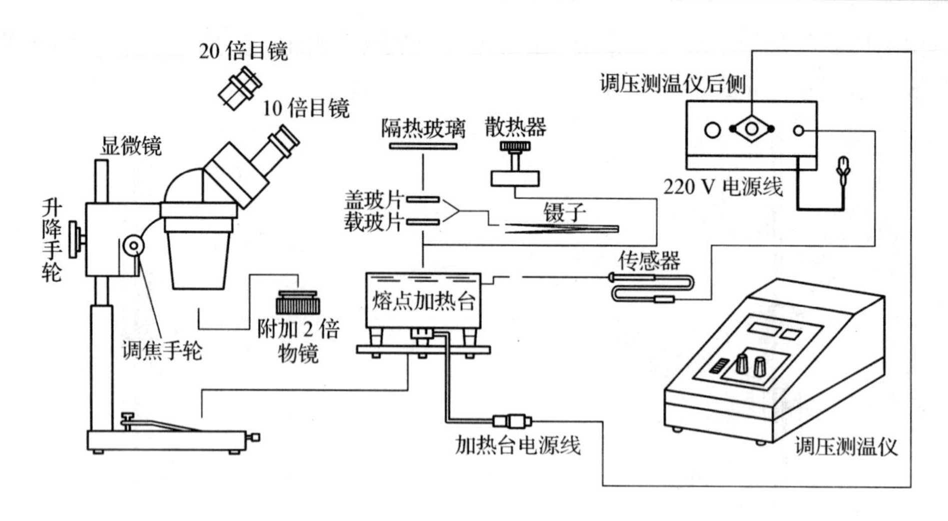

图4-4 显微熔点测定仪示意图

用上述方法测定尿素晶体的熔点。

3. 温度计校正

测熔点时，温度计上的熔点读数与真实熔点之间常有一定的偏差，如温度计的制作质量差（如毛细孔径不均匀，刻度不准确等）；另外，温度计有全浸式和半浸式两种，全浸式温度计的刻度是在温度计汞线全部均匀受热的情况下刻出来的，而测熔点时仅有部分汞线受热，因而露出的汞线温度较全部受热者低。

为了校正温度计，可选用纯有机化合物的熔点作为标准（定点法）或选用一标准温度计校正（比较法）。

（1）定点法　选择数种已知熔点的纯化合物为标准（表4-1），测定它们的熔点，以观察到的熔点（t_2）作纵坐标，测得熔点（t_2）与已知熔点（t_1）差值（Δt）作横坐标，画成曲线（图4-5），即可从曲线上读出任一温度的校正值。例如测得的温度为100 ℃，则校正后应为101.3 ℃。

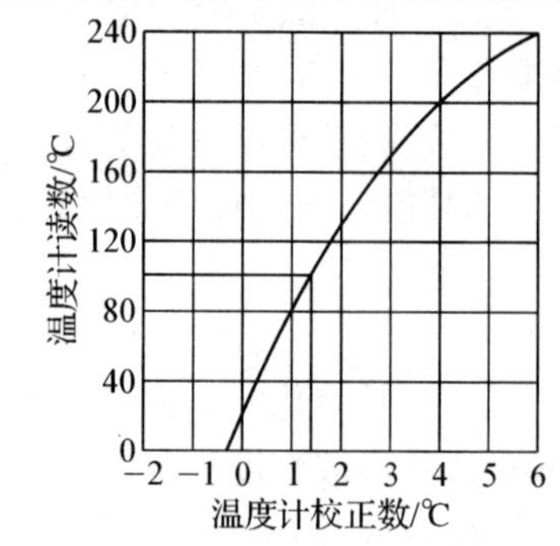

图4-5 定点法温度计刻度校正示意图

表4-1 一些有机化合物的熔点

样品名称	熔点/℃	样品名称	熔点/℃
水—冰	0	水杨酸	159
对二氯苯	53.1	D-甘露醇	168
对二硝基苯	174	对苯二酚	173～174
邻苯二酚	105	马尿酸	188～189
苯甲酸	122.4	3,5-二硝基苯甲酸	205

（2）比较法　选一支标准温度计与要进行校正的温度计在同一条件下测定温度，比较其所指示的温度值。

思 考 题

1. 什么是固体的熔点？固体物质纯与不纯在熔点数据上有何反映？
2. 影响熔点测定准确性的因素有哪些？为什么？
3. 有两种样品，测定其熔点数据相同，如何证明它们是相同的还是不同的物质？

实验4　蒸馏和沸点的测定

一、目的要求

(1) 掌握蒸馏和沸点测定的原理和用途。

(2) 掌握常量法(即蒸馏法)测沸点的方法,能正确搭建常压蒸馏装置。

(3) 掌握微量法测定沸点的原理和方法。

二、器材

常压蒸馏装置　沸点测定管　Thiele 熔点测定管　小橡皮管

三、药品

无水乙醇　液状石蜡

四、概述

将液体加热至沸,使液体变为蒸气,然后再使蒸气冷凝到另一容器中成为液体,这两种过程的联合操作称为蒸馏。蒸馏是分离和纯化液态物质的最重要的方法之一,通过这一操作还可以测出化合物的沸点。液态物质的饱和蒸气压随温度的升高而增大,当饱和蒸气压达到和外界压力(通常是大气压力)相等时,液体内大量蒸气成为气泡逸出,即液体沸腾。这时的温度即为该液体在此外界压力下的沸点。如水的沸点是 100 ℃,是指在一个大气压(1.013×10^5 Pa)下,水在 100 ℃时沸腾。

液体的沸点不仅与外界压力有关,而且与其纯度有关。不纯物质的沸点取决于所含杂质的性质。假如所含杂质是不挥发的,则溶液的沸点比纯物质的沸点略有提高(但在蒸馏时,实际上测量的不是溶液的沸点,而是馏出物的沸点)。如果杂质是挥发性的,则蒸馏时液体的沸点常会逐渐上升。有时由于两种或多种物质组成了共沸混合物,会有恒定的沸点,因此具有恒定沸点的液体不一定都是纯粹的化合物。除用常量法测沸点外,还可用微量法测沸点,其测定方法与测定熔点相似。

五、实验内容

1. 常量法测液体沸点

(1) 蒸馏装置的安装　根据被蒸馏液体的体积选择合适的蒸馏瓶,一般被蒸馏液体的体积占烧瓶体积的 1/3 至 2/3 之间。安装的顺序一般先从热源开始,由下而上,由左至右。把蒸馏烧瓶用铁夹垂直固定在热源上方铁架上,装上蒸馏头,把冷凝管用铁夹固定在另一铁架上,调整冷凝管位置使与蒸馏头的支管同轴,然后略松开冷凝铁夹,把它沿此轴向斜上移动和蒸馏头支管相连。注意各铁夹不能夹得太紧或太松,以夹住后稍用力尚能转动为宜。然后再接上接液管和锥形瓶。整套装置要求不论从正面还是从侧面看都必须在同一平面内。安装完毕以后,把橡皮管套上冷凝管,下端支管为进水口,上端支管为出水口(上下接水口接反了会有什么后果?),并由橡皮管连接引入下水道。图 5-1 为装好的常压蒸馏装置。

(2) 蒸馏测定沸点　用量筒量取 50 mL 乙醇,通过长颈玻璃漏斗加入,漏斗脚应超过蒸馏头支管(为什么?)。然后加入几粒沸石(它的作用是什么?),装上温度计,温度计水银球上端应与支管下端在同一水平面上,如图 5-1 所示。接通冷凝水,调节冷凝水的流速要适中。然后开始加热,随着温度的升高,瓶内的液体开始沸腾,当蒸气上升到温度计水银球部位时,温度计读数急剧上升,这时应稍微降低加热电炉或电热套电压,以控制蒸馏速度。一般控制在每秒 1～2 滴为宜。这样的蒸馏速度可以保证温度计水银球上一直为液体蒸气浸润,始终能看到温度计水银球上有被冷凝的液滴,此时温度计上所示的温度即为液体与蒸气平衡时的温度,亦即馏出液的沸点。准备两个接收容器,先用一个接收最先馏出的液体(常称为前馏分),当温度计读数趋于恒定时,换另一个接收容器,收集大部分馏出的乙醇。记下这部分乙醇开始馏出时和液体快蒸完(剩 2～3 mL)时的温度读数,就是该乙醇的沸程(沸点距)。

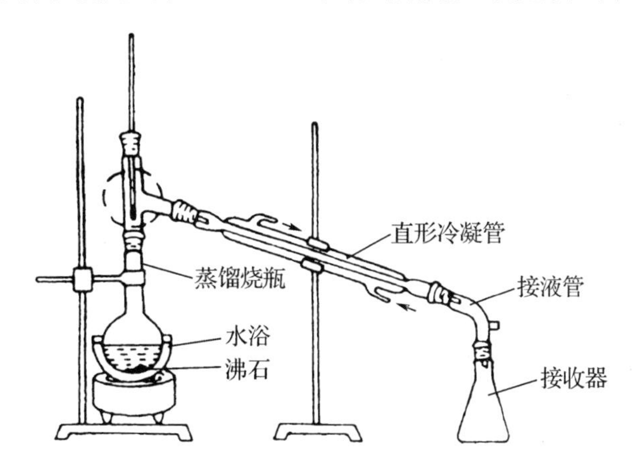

图 5-1　常压蒸馏装置

S(3) 拆除装置:蒸馏结束,应先停止加热,然后停止通冷凝水。拆除仪器次序与装配时相反,先取下接收容器,然后依次拆下接液管、冷凝管、温度计、蒸馏头和蒸馏烧瓶。

2. 微量法测定液体沸点

微量法测定沸点是利用沸点测定管进行的。沸点测定管分内、外两管,外管是直径为 3～4 mm,长为 50 mm 的薄壁玻璃管,内管是一根直径约为 1 mm,长为 70 mm 的一端封闭的毛细管。在外管中滴加 3～5 滴乙醇,将内管开口一端插入外管乙醇中,然后用小橡皮圈将外管固定在温度计的一侧,使外管内乙醇液面与温度计水银球上限平齐,见图5-2,最后利用测定熔点的加热装置(详见实验 3)加热沸点测定管。加热时由于内管起着汽化中心的作用,在毛细管末端有小气泡缓缓逸出,当溶液温度高于乙醇沸点时,沸点管内出现一连串气泡快速逸出,此时停止加热,溶液温度下降,气泡逸出速度减慢,此时仔细观察毛细管末端,当气泡不再放出,而液体开始进入毛细管内,马上读出此刻的温度,此温度即为样品乙醇的沸点。

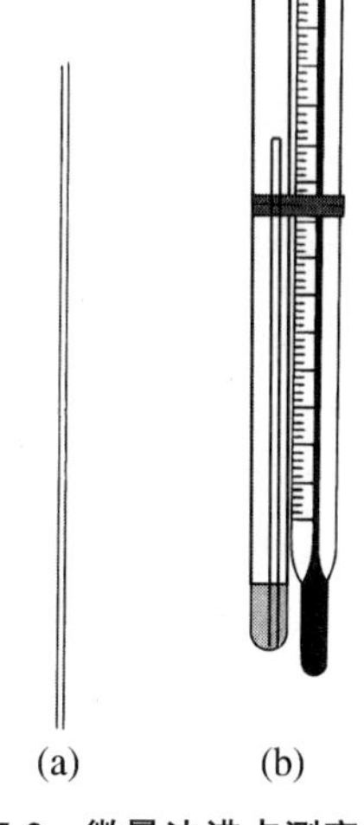

图 5-2　微量法沸点测定装置

思 考 题

1. 什么是液体的沸点？蒸馏的原理是什么？

2. 当加热后有馏出液时才发现冷凝管未通水，请问能否马上通水？如果不行应怎么办？

3. 用微量法测定沸点时，把最后一个气泡刚欲缩回到内管瞬间的温度作为该化合物的沸点，为什么？

实验 5　水蒸气蒸馏和减压蒸馏

一、目的要求

(1) 了解水蒸气蒸馏和减压蒸馏的基本原理。

(2) 掌握水蒸气蒸馏和减压蒸馏的基本操作。

二、器材

水蒸气蒸馏装置　水浴锅　减压蒸馏装置　电炉　烧杯　锥形瓶　循环水泵

三、药品

中草药“徐长卿”　1%三氯化铁乙醇溶液　工业酒精

四、概述

减压蒸馏和水蒸气蒸馏是分离和提纯有机化合物的一种重要方法。它特别适用于那些在常压蒸馏时未达沸点即已受热分解、氧化或聚合的物质。

1. 水蒸气蒸馏

当与水不相混溶的物质 S 和水一起加热时，根据道尔顿分压定律，液面上的总蒸气压为各组分蒸气压之和，即：

$$p_{总}=p_{H_2O}+p_S$$

式中，$p_{总}$ 为混合液体总蒸气压；

p_{H_2O}为水蒸气压；

p_S 为与水不相混溶物质 S 的蒸气压。

物质的蒸气压随温度升高而增加，只要混合液体总蒸气压等于外界大气压时，液体便开始沸腾。显然，这种混合液体的沸点，必定较 S 物质单独存在时的沸点低，因此，应用水蒸气蒸馏，就能在低于 100 ℃的情况下，将高沸点组分与水一起蒸馏出来。此法特别适用于分离那些在沸点附近易发生氧化、分解和聚合等反应的物质，也可以从组成复杂的中草药中分离挥发性有效成分。例如：当向中草药“徐长卿”中通入水蒸气时，其中的挥发油在低于 100 ℃时就可以随水蒸气一起馏出，所得的挥发油其主要成分为丹皮酚，因其分子中含有酚羟基，故可用三氯化铁试剂检出。

丹皮酚结构为：

OH

H_3CO—⟨苯环⟩—$COCH_3$

进行水蒸气蒸馏时，对要分离的有机化合物有以下要求：

(1) 不溶或微溶于水，这是满足水蒸气蒸馏的先决条件。

(2) 长时间与水共沸不与水反应。

(3) 近于 100 ℃时有一定的蒸气压，一般不小于 10 mmHg(1.33 kPa)。

水蒸气蒸馏装置如图 6-1 所示。

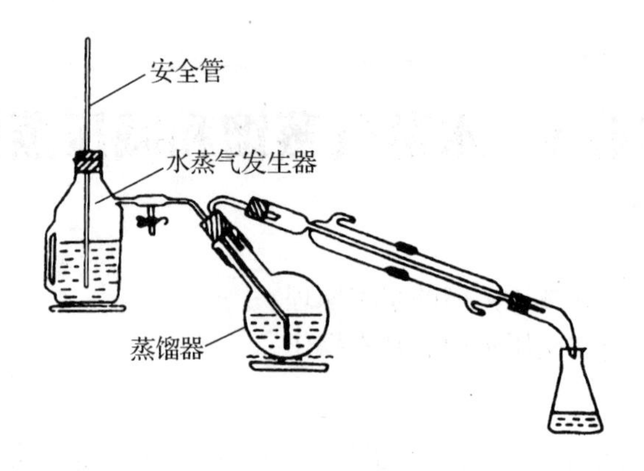

图 6-1　水蒸气蒸馏装置

2. 减压蒸馏

液体的沸点是指它的蒸气压等于外界压力时的温度，外界压力降低时，液体的沸点也随之降低。因此，如果借助真空泵降低系统内的压力即可降低液体的沸点。这种在较低压力下进行的蒸馏叫做减压蒸馏。当压力降低到 1.3～2.0 kPa 时，许多高沸点的有机化合物可以比其常压下的沸点低 100～120 ℃。减压蒸馏适用于分离提纯沸点较高或高温时不稳定(分解、氧化或聚合)的液体及一些低熔点固体有机化合物。

液体在常压、减压下的沸点近似关系可根据图 6-2 所示的经验曲线而得。分别在两条线上找出两个已知点，用一把小尺将两点连接成一条直线，并与第三条线相交，其交点便是要求的数值。例如，水在 760 mmHg 时沸点为 100 ℃，若求 20 mmHg 时的沸点可先在 B 线上找到 100 ℃这一点，再在 C 线上找到 20 mmHg，将两点连成一条直线并延伸至 A 线与之相交，其交点便是 20 mmHg 时水的沸点(约 22 ℃)。利用此图也可以反过来估计常压下的沸点和减压时要求的压力(1 mmHg ＝ 133.3 Pa)。

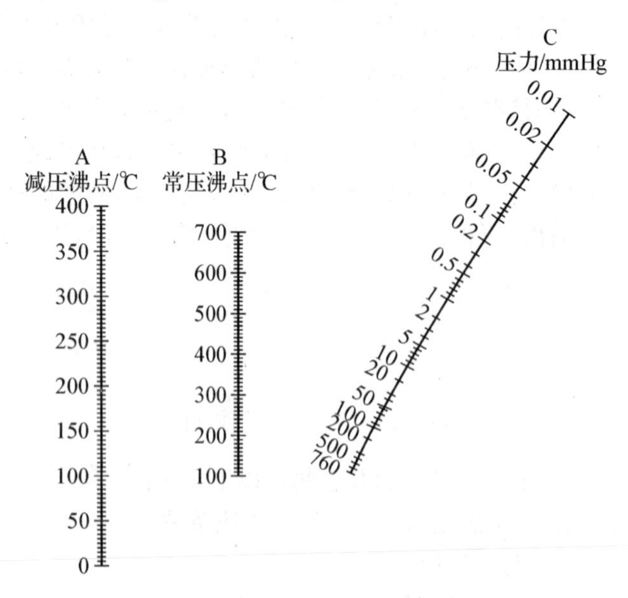

图 6-2　液体在常压、减压下的沸点近似关系图

减压蒸馏的装置如图 6-3 所示。

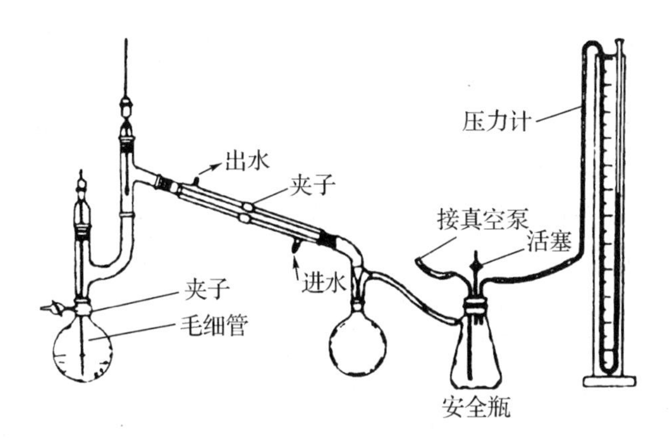

图 6-3　减压蒸馏装置

五、实验内容

1. 水蒸气蒸馏

(1) 按图 6-1 搭好水蒸气蒸馏装置。它主要由水蒸气发生器(可用大圆底烧瓶代替),和另一与桌面约成 45° 角放置的长颈圆底烧瓶和直型冷凝管组成。水蒸气发生器内盛水占其容量的 1/3～1/2,可根据其中长玻璃管(安全管)中水柱的高低来估计水蒸气压力的大小。被蒸馏物质置于长颈圆底烧瓶中,其量约占烧瓶容量的 1/3。长颈圆底烧瓶要斜放的原因是为了避免飞溅起的液体被蒸气带进冷凝管中。该瓶口配置双孔软木塞,一孔插入水蒸气导管,另一孔插入馏出液导管。水蒸气导管的末端应接近烧瓶底部,以便水蒸气与蒸馏物质充分接触并起搅动作用。发生器的出口和水蒸气导管之间用一"T"形玻璃管连接,在"T"形玻璃管的支管下端套一段橡皮管,当发生器里的水加热到沸腾并有大量水蒸气从"T"形玻璃管下口冲出时,即用螺旋夹把橡皮管夹紧,让水蒸气通入烧瓶中,片刻后瓶中混合物开始沸腾,不久在冷凝管中就出现浑浊液体,这是有机物质和水的混合物。控制馏出液的速度为每秒 2～3 滴。可用酒精灯小火加热长颈烧瓶,使水蒸气不致在烧瓶中过多地冷凝下来。

在操作过程中,如发现安全管中的水柱上升过高、过快或烧瓶中的被蒸馏液体发生倒吸,就应立即打开螺旋夹,移去热源,寻找并排除故障后,方可继续蒸馏。

当馏出液澄清时,即表明不再含挥发物,即可停止蒸馏。应首先打开"T"形管下端的螺旋夹,然后停止加热,否则会使蒸馏瓶内液体倒吸入水蒸气发生器。

(2) 称取"徐长卿"10 g 置于 250 mL 圆底烧瓶中,加水润湿,在 500 mL 圆底烧瓶中加入热水,其量不超过烧瓶容量的 2/3,塞好瓶塞,开启冷凝水,加热 500 mL 圆底烧瓶,当水沸腾时,关闭"T"形管上螺旋夹,让蒸气经导管至 250 mL 圆底烧瓶中进行蒸馏。用小火加热 250 mL 烧瓶。用锥形瓶收集馏出液直至馏出液澄清,打开螺旋夹,撤去热源,冷却后拆卸仪器并将馏出液倒入指定的回收瓶中。

(3) 馏出液试验:取馏出液 1～2 mL 置于一试管中,加入 1%$FeCl_3$ 乙醇溶液 2～4 滴,观察溶液呈何颜色。

2. 减压蒸馏

(1) 按图 6-3 搭好减压蒸馏装置,整个系统可分为蒸馏、抽气减压和测压装置三个部分。

减压蒸馏所用的蒸馏瓶称克氏(Claisen)蒸馏瓶,它有两个颈,其作用是为了避免减压蒸馏时瓶内液体由于沸腾而冲入冷凝管中;瓶的一颈中插入温度计,另一颈中插入一根毛细管,其下端距瓶底 1～2 mm,上端套一橡皮管,通过螺旋夹可调节进入毛细管的空气量(用于调节真空度)，并可使极少量空气进入液体呈微小气泡冒出，作为汽化中心，防止暴沸；接收器可用蒸馏瓶。

可用循环水泵或真空泵等进行抽气减压。水压高时，循环水泵可抽气减压至 15～20 mmHg(当温度低于室温时，可获得更高的真空度)。真空泵可抽气减压至 2～4 mmHg(使用真空泵时为防止易挥发的有机溶剂、水和酸等蒸气侵入泵内，泵前应装干燥塔，塔内放粒状氢氧化钠和活性炭等。泵前最好应接一个安全瓶，瓶上的两通活塞供调节系统压力及放气之用。减压系统内的压力可通过水银压力计来测定)。

减压蒸馏装置的搭配规程同实验 4，所不同的是，在磨口仪器连接时，口塞上涂少量真空硅脂(转动仪器使磨口连接处呈透明状即可)以增加气密性，同时防止仪器经高温再降温后黏结，难以拆卸。仪器安装完毕，在开始蒸馏之前，必须先检查装置的气密性及装置能减压到何种程度。

(2) 在 200 mL 克氏蒸馏瓶中加入 100 mL 工业酒精，开泵抽气，逐渐旋紧毛细管上端的螺旋夹，使液体中有连续平稳的微小气泡冒出，开启冷凝水，用水浴加热克氏烧瓶，水浴的水面应超过蒸馏瓶内的液面，并注意瓶底不要碰及水浴锅底。当瓶内液体开始沸腾时，控制水浴温度(比待蒸馏液体沸点高 20～30 ℃)，使每秒馏出 1～2 滴馏出液，转动双股接收管收集不同馏分。停止蒸馏时，应先撤去热源，打开毛细管上的螺旋夹，待稍冷却后，移去与真空泵相连的软管，最后关闭真空泵。将收集到的前馏分和乙醇倒入指定的回收瓶中。

思考题

1. 简述水蒸气蒸馏的过程及注意点；水蒸气蒸馏适用哪些物质的提取？
2. 如何判断水蒸气蒸馏可以结束？
3. 为什么减压蒸馏时，必须先抽真空后加热？
4. 减压蒸馏时为什么不加沸石？蒸馏结束应该如何操作？

实验 6　折射率的测定

一、目的要求

(1) 熟悉阿贝(Abbe)折射仪的构造及使用方法。

(2) 掌握折射率的测定方法。

二、器材

阿贝折射仪　滴管　擦镜纸

三、药品

无水乙醇　乙二醇　乙醇－水混合液(1∶1 V/V)　丙酮　蒸馏水

四、概述

光在各种介质中的传播速度都不相同，当光线通过两种不同介质的界面时会改变方向(即折射)。而折射角与介质密度、分子结构、温度以及光的波长等有关。根据折射定律，波长一定的单色光，在一定的外界条件(如温度、压力等)下，从一个介质 A 进入另一个介质 B，入射角 α 的正弦和折射角 β 的正弦之比与介质 A 的折射率 n_A 和介质 B 的折射率 n_B 成反比，即：

$$\frac{\sin\alpha}{\sin\beta}=\frac{n_B}{n_A}$$

当介质 A 为真空时，$n_A=1$，n_B 为介质 B 的绝对折射率，则有：

$$n_B=\frac{\sin\alpha}{\sin\beta}$$

通常以空气作为比较标准，这是因为 $n_{空气}=1.000\ 27$(空气的绝对折射率)。但进行精密测定时，应加以校正。

当光线从光疏介质 A 进入光密介质 B 时，传播速度减小，这就造成了光线在它的入射点(即光线与液体界面相交的一点)向法线偏折，即折射角 β 必小于入射角 α。当入射角 α 为 90°，$\sin\alpha=1$，这时折射角达到最大值，称为临界角，用 β_0 表示。显然，在一定条件下，β_0 也是一个常数，它与折射率的关系为：

$$n_B=\frac{1}{\sin\beta_0}$$

从图 7-1 可见，当在 0°～90°的范围内都有光线射入时，在临界角 β_0 以内都有光线射出来，而大于 β_0 的角度是没有折射光线的，这就是为什么能在阿贝折射仪的望远镜筒中看到一半亮一半暗的原因。所以通过测定临界角 β_0 就可算出折射率。

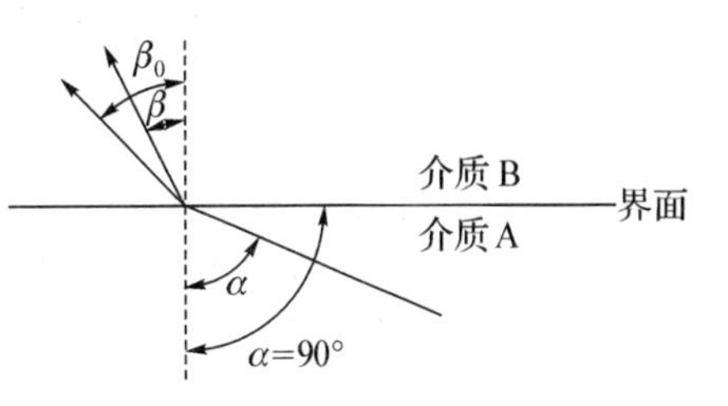

图 7-1　光的折射现象

折射率与多种因素有关，所以在测定折射率时必须注明所用的光线和温度，常用 n_D^t 表示。D 是以钠光灯的 D 线(589 nm)作光源，常用的折射仪虽然用白光作光源，但用棱镜系统加以补偿，实际测得的仍为钠光 D 线的折射率。t 是测定折射率时的温度，一般定为 20 ℃。通常温度增高

1 ℃时，液体有机化合物的折射率就减少 $3.5\times10^{-4}\sim4.5\times10^{-4}$，为了便于计算，一般采用 4×10^{-4} 作为温度变化常数。在某一温度下测得的折射率可以换算到规定温度。换算公式如下：

$$n_D^{20}=n_D^t+4\times10^{-4}(t-20)$$

式中，n_D^{20} 为规定温度的折射率；

n_D^t 为实验温度下测得的折射率；

20 为规定温度；

t 为实验时的温度；

4×10^{-4} 作为温度变化常数。

这是一个粗略计算，当然会带来误差。为准确起见，一般折射仪配有恒温装置。

五、阿贝折射仪

折射率是液体有机化合物的重要物理常数之一。阿贝折射仪是常用的测定仪器，量程为 1.300 0～1.700 0，它操作简便，易于掌握。多用于下述几方面：

第一，测定所合成的已知化合物的折射率与文献对照，可作为测定有机化合物纯度标准之一。

第二，合成未知化合物，经过结构及化学分析确证后，测得的折射率可作为一个物理常数记载。

第三，由于测定折射率至万分之几是容易的，因此对于一特定物质是非常精确的物理常数，故可用于鉴定。

1. 阿贝折射仪结构

阿贝折射仪的机械结构见图 7-2。

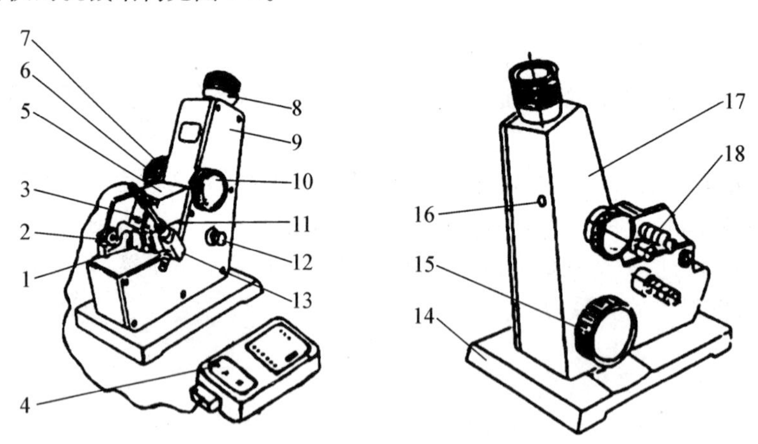

图 7-2　阿贝折射仪的构造图

1. 反射镜；2. 转轴；3. 遮光板；4. 数显温度计；5. 进光棱镜座；6. 色散调节手轮；7. 色散值刻度圈；8. 目镜；9. 盖板；10. 手轮；11. 折射棱镜座；12. 照明刻度盘聚光镜；13. 温度计座；14. 底座；15. 折射率刻度调节手轮；16. 折射仪矫正小孔；17. 壳体；18. 恒温计接头

阿贝折射仪的望远镜系统见图 7-3。

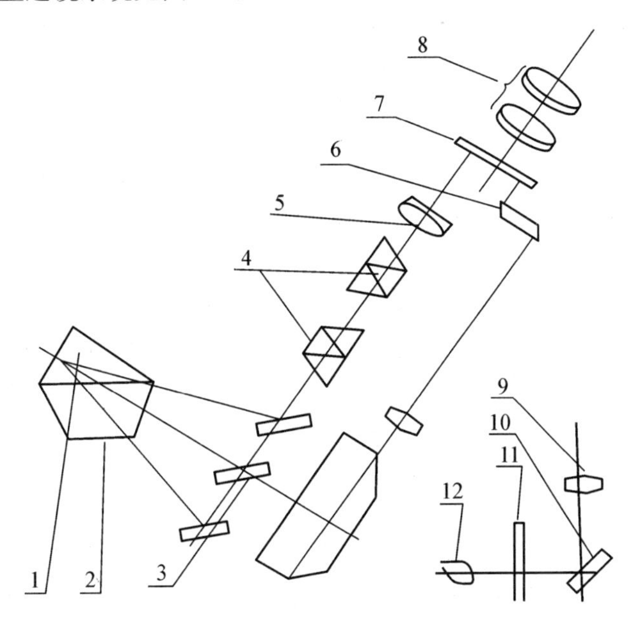

图 7-3　阿贝折射仪的望远镜系统

1. 进光棱镜;2. 折射棱镜;3. 摆动反光镜;4. 消色散棱镜组;5. 望远物镜组;6. 平行棱镜;7. 分划板;8. 目镜;9. 读数物镜;10. 反光镜;11. 刻度板;12. 聚光镜

光线由反光镜进入进光棱镜(1)(该棱镜表面磨砂以使入射光线产生漫射)及折射棱镜(2),被测液体放在(1)、(2)之间,由摆动反射镜(3)将此束光线射入消色散棱镜组(4),经阿米西(Amici)棱镜(4)抵消由于折射棱镜及被测物体所产生的色散,由物镜(5)将明暗分界线成像于带有十字线的棱镜(7)上,经目镜(8)放大后成像于观察者视线中。

2. 阿贝折射仪的使用

阿贝折射仪是精密仪器,使用如何将关系到读数的准确性和仪器的寿命,故使用时各手轮的转动要缓,避免使用对棱镜、金属保温套及其间的胶合剂有腐蚀的液体,避免日晒,用后擦拭干净置于干燥的箱内。

(1) 校准

① 将折射仪与恒温装置相连,恒温 0.5 h。

② 温度恒定后,在标准玻璃块的抛光面上加一滴溴代萘,贴在折射棱镜的抛光面上,标准玻块的抛光面一端应朝上,以接受入射光。

③ 调节刻度调节手轮(15),使读数镜内示值与标准玻块一致。

④ 观察望远镜内明暗分界线是否在十字线交点上,若有偏差,则用螺丝刀微量旋转图 7-2上所示的“折射仪矫正”小孔(16)内的螺钉,使明暗分界线调整至十字交点上,在以后测定过程中,小孔(16)中的螺钉不允许再动。

(2) 测定

① 打开手轮(10)(见图 7-2),用棉花蘸取丙酮擦拭棱镜表面,晾干。

② 将待测液体样品 1~2 滴均匀地置于磨砂面棱镜上,滴加样品时应注意切勿使滴管尖端触及镜面,以防造成刻痕;关闭棱镜,用手轮(10)锁紧。

③ 打开遮光板(3),合上反射镜(1),调节目镜,使十字交叉线成像清晰,此时旋转手轮

(15)，并在目镜视场中找到明暗分界线的位置[图 7-4(a)]，再旋转手轮(6)消除色散[图 7-4(b)]，微调手轮(15)，使分界线位于十字线的中心[图 7-4(c)]，此时目镜视场下方显示的示值即为被测液体的折光率。

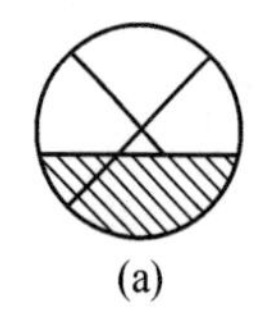
(a)

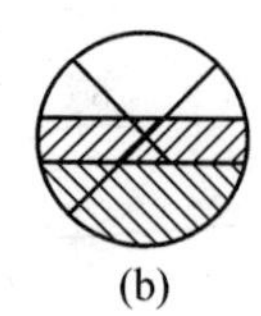
(b)

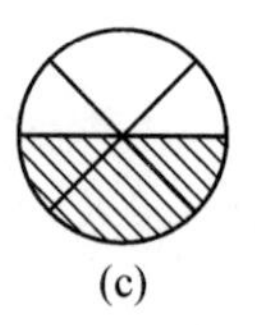
(c)

图 7-4　明暗分界线示意图

④ 测定蒸馏水、无水乙醇、乙二醇和乙醇—水混合液的折射率，注明测定温度。

思 考 题

1. 测定有机化合物折射率的意义是什么？
2. 影响物质折射率的测定因素有哪些？

实验7 柱色谱

一、目的要求

(1) 了解柱色谱法的基本原理。

(2) 掌握柱色谱法的基本操作技术。

二、器材

层析柱 铁架台 锥形瓶 漏斗 玻璃棒 烧杯 量筒

三、药品

氧化铝 甲基橙 亚甲基蓝 乙醇 醋酸

四、概述

色谱法的分离原理是利用混合物中各组分在不同的两相中溶解、吸附或其他亲和作用的差异,当两相作相对运动时,因各组分在两相中反复多次受到上述作用力的作用而得到相互分离。两相中有一相是固定的,称为固定相;另一相为流动的,称为流动相。

色谱法根据分离过程的作用方式的不同,可分为吸附色谱、分配色谱、离子交换色谱、凝胶色谱等;根据操作条件的不同,色谱法又可分为柱色谱、薄层色谱、纸色谱、气相色谱和高效液相色谱等类型。

色谱法在有机化学中的应用主要包括下列几方面。

(1) 分离混合物:一些结构类似、理化性质也相似的化合物组成的混合物,一般应用化学方法分离很困难,但应用色谱法分离,有时可得到满意的结果。

(2) 精制提纯化合物:有机化合物中含有少量结构类似的杂质,不易除去,可利用色谱法分离以除去杂质,得到纯品。

(3) 鉴定化合物:在条件完全一致的情况,通过与已知样品进行对照,可以鉴定化合物的纯度或确定两种性质相似的化合物是否为同一物质。

(4) 观察一些化学反应是否完成,可以利用薄层色谱或纸色谱观察原料色点的逐步消失,以证明反应完成与否。

柱色谱法是色谱法的一种,属于固—液吸附色谱,它是利用混合物中各组分被吸附剂吸附能力的不同来进行分离的。

柱色谱通常是以一些表面积很大并经过活化的多孔性物质或粉状固体作为吸附剂[1],将其填装入一根玻璃管中,作为固定相,加入待分离混合样品,然后从柱顶加入洗脱剂洗脱。由于混合物中各组分被吸附能力不同,即发生不同解吸,从而以不同速度下移,形成若干色带,若继续再用溶剂洗脱,则吸附能力最弱的组分首先被洗脱出来,如图8-1所示。整个色谱过程进行着反复的吸附—解吸—再吸附—再解吸,使混合物达到分离。分别收集各组分,再逐个鉴定。

本实验用活性氧化铝作吸附剂来分离甲基橙和亚甲蓝混合物。氧化铝是一种极性吸附剂,对极性较强的物质(如甲基橙)的吸附力强,对极性较弱的物质(如亚甲蓝)的吸附力较弱,所以在洗脱过程中,用体积分数为95%乙醇洗脱时亚甲蓝首先被洗脱,甲基橙留在层析柱的上部。洗脱甲基橙时,需用极性较大的醋酸与水(1∶1)的混合溶剂。

五、实验内容

1. 装柱

装柱有干法装柱和湿法装柱两种，本实验采用干法装柱，将一只干净的色谱柱固定在铁架台上，尖端向下，打开活塞，底部填入少许脱脂棉(0.5 cm 厚)，并用玻璃棒轻轻压平。用干漏斗将氧化铝[2]连续装入柱中至高度为玻璃管高度的 1/2～3/4，边装边用手指轻弹玻璃管，使填充紧密均匀[3]，再在柱顶加入一层脱脂棉，压平[4](约 0.5 cm 厚)。

2. 加样

从柱顶用滴管沿色谱柱内壁加入 95%乙醇，直至柱下端有乙醇流出。当柱顶端尚留有 1～2 mL 乙醇时[5]，关闭活塞，加入甲基橙－亚甲蓝的乙醇混合溶液 1 mL。

3. 洗脱、分离

打开活塞，待甲基橙－亚甲蓝的乙醇混合溶液[6]的液面与柱上端脱脂棉层上面相平时，加入 0.5 mL 95%乙醇冲洗色谱柱内壁，如此重复 2～3 次，待分离液已全部进入色谱柱，慢慢加入较大体积 95%乙醇进行洗脱，在柱上可看见蓝色和黄色的色带，继续加入乙醇洗脱，直到亚甲蓝完全被洗脱。待乙醇液面接近柱上端脱脂棉时，将锥形瓶中的乙醇洗脱液倒入蒸馏烧瓶中，蒸去 95%乙醇，取得亚甲蓝。改用醋酸和水(1∶1)作洗脱剂，继续洗脱，可将甲基橙洗脱下来。

实验完毕，倒出柱中的氧化铝，并将柱洗净倒立于铁架台上晾干。

栓色谱实验装置见图 8-1 所示。

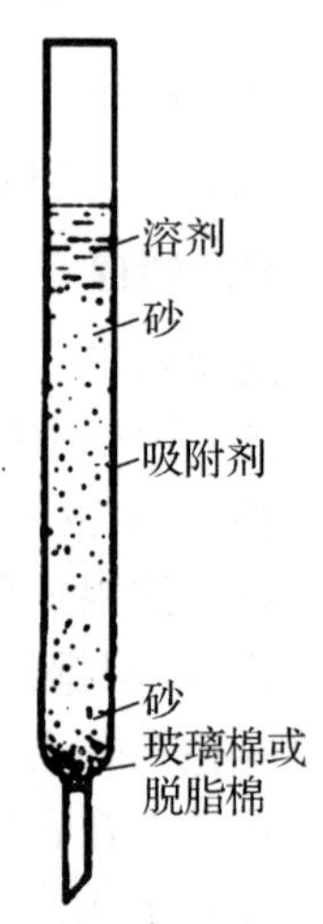

图 8-1 柱色谱实验装置图

注释：

[1] 常用的吸附剂有氧化铝、氧化镁、碳酸钙、硅胶、聚酰胺和纤维素等，一般要经过纯化和活化的处理。

[2] 本实验用未活化的氧化铝同样可达到较好的效果。

[3] 色谱柱装填紧密与否对分离效果有很大影响。若柱中留有气泡或各部分疏密不均时，会影响渗滤速度和色带的均匀。

[4] 在吸附剂上端加入脱脂棉可防止加样时将吸附剂冲起，影响分离效果，在色谱柱下端加脱脂棉是为了防止吸附剂细粒流出。

[5] 为保持色谱柱的均匀性，应使全部吸附剂浸泡在溶剂中，否则当柱中溶剂流干时，会使柱身干裂。若重新加入溶剂，会影响渗滤和显色的均匀性。

[6] 甲基橙和亚甲蓝能溶于乙醇中，甲基橙和亚甲蓝结构如下：

$$HO_3S-C_6H_4-NH-N=C_6H_4=\overset{+}{N}(CH_3)_2 \underset{H^+}{\overset{OH^-}{\rightleftharpoons}} HO_3S-C_6H_4-N=N-C_6H_4-N(CH_3)_2$$

甲基橙(红色)　　　　甲基橙(橙色)

$$(H_3C)_2N,\ N,\ S,\ CH_3,\ \overset{+}{N}(CH_3)_2 \cdot Cl^-$$

亚甲基蓝(蓝色)

思 考 题

1. 什么叫吸附色谱柱？其基本原理是什么？
2. 色谱柱中若有空气或装填不均匀，会怎样影响分离效果？如何避免？
3. 为什么两组分要采用不同的洗脱剂洗脱？

实验8　薄层色谱

一、目的要求

(1) 了解薄层色谱法基本原理。

(2) 掌握薄层色谱的基本操作。

二、器材

薄层层析缸　玻片　毛细管

三、药品

阿司匹林　水杨酸　阿司匹林粗品　冰醋酸　乙酸乙酯　石油醚　硅胶 GF_{254}

四、概述

薄层色谱(Thin Layer Chromatography,TLC)是一种简便、快速、微量、灵敏的色谱法。一般将柱色谱用的吸附剂撒布到平面如玻璃片上,形成一薄层进行层析——即称薄层色谱。薄层色谱除了具有一般色谱法的应用外,也经常用于寻找柱色谱的最佳分离条件。

薄层色谱用的吸附剂与其选择原则和柱色谱相同。主要区别在于薄层色谱要求吸附剂(支持剂)的粒度更细,一般应小于 250 目,并要求粒度均匀。用于薄层色谱的吸附剂或预制薄层一般活度不宜过高,而展开距离则随薄层的粒度粗细而定,薄层粒度越细,展开距离相应缩短,一般不超过 10 cm,否则可引起色谱扩散影响分离效果。针对某些性质特殊的化合物的分离与检出,有时需采用一些特殊薄层。

薄层色谱中,当吸附剂活度为一定值时(如Ⅱ或Ⅲ级),对多组分的样品能否获得满意的分离,取决于展开剂的选择。展开剂的选择大致可根据所分离的化合物的极性不同而使用无极性、弱极性、中极性或强极性。但在实际工作中,经常需要利用不同极性大小的溶剂,对展开剂的极性予以调整。

一个化合物在薄层板上上升的高度与展开剂上升高度的比值称为该化合物的比移值,常用 R_f 来表示:

$$R_f=\frac{\text{展开后斑点中心至原点中心的距离 } a}{\text{展开剂前沿至原点中心的距离 } b}$$

对于一种化合物,当展开条件相同时,R_f 值是一个常数,因而 R_f 值可作为定性分析的依据。但是由于影响 R_f 值的因素较多,如展开剂、吸附剂、薄层板的厚度、温度等,因此,在对化合物进行定性分析时,常采用标准物与未知物在同一块薄层板上进行展开,通过计算 R_f 值来确定是否为同一化合物。而以薄层色谱对某一组分进行分离时,其化学成分 R_f 值的范围一般情况下为:

$$0.05 < R_f < 0.85$$

五、实验内容

(1) 层析板的制备:称 2 g 硅胶 GF_{254} 于小烧杯中,加水 5 mL 调成糊状。将调好的糊状物铺在洁净的载玻片上,用玻璃棒涂布均匀,再在实验台上用手颠震至平整均匀。水平放置,在室温下晾干后置烘箱里缓慢升温到 105～110 ℃,活化 1 h,然后保存于干燥器中备用。

(2) 点样：用铅笔在距薄层板一端约 1 cm 处，轻轻地画一条横线作为点样时的起点线，在线上均匀画出三个点作为样品的点样点(画线时不能将薄层板表面破坏)。用毛细管吸取少量的样品水杨酸溶液、阿司匹林溶液及阿司匹林粗品溶液(样品均用乙酸乙酯溶解)，轻轻触及薄层板的起点线，然后立即抬起(即点样)，待溶剂挥发后，如此重复点样 2～3 次。点样时尽量使样品点既有足够的浓度，点的半径又小(直径小于 2 mm)。

(3) 展开分离：取层析缸，内装 4 mL 展开剂(石油醚∶乙酸乙酯∶冰醋酸 = 30∶10∶1)，放入已点样晾干的层析板(起点线不能被展开剂浸没)，盖上层析缸盖进行展开(见图 9-1)。当展开剂前沿距离薄层板上边约 0.5 cm 时，立刻取出薄层板，画出溶剂前沿的位置，晾干。

(4) 将晾干后的薄层板至于 254 nm 紫外灯下观察，并用铅笔轻轻画出观察到的所有斑点。

(5) 计算 R_f 值：量出各个组分相应的展开距离和展开剂距原点中心的距离，分别计算各化合物的 R_f 值，并根据 R_f 值推断所给阿司匹林粗品中的组分。

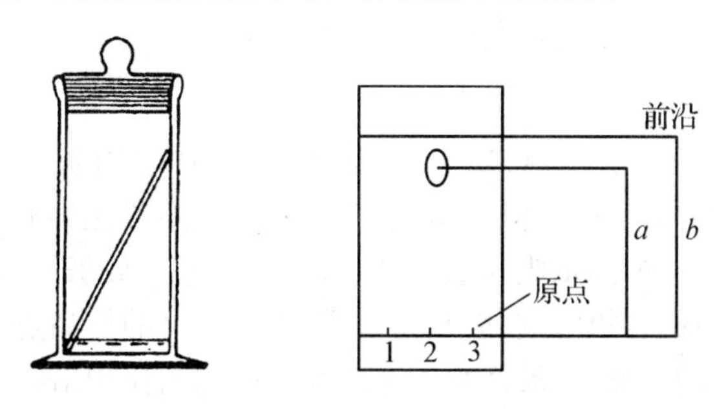

图 9-1　薄层色谱示意图

思 考 题

1. 在一定的操作条件下，为什么可用 R_f 值来鉴定化合物？哪些因素会影响 R_f 值？
2. 制好的薄层板为什么要活化？

实验9 纸色谱

一、目的要求

(1) 了解纸色谱的基本原理。

(2) 掌握用纸色谱分离和鉴定氨基酸的方法。

二、器材

层析缸　层析滤纸　喷雾器　毛细管　电炉

三、药品

0.01 mol/L 丙氨酸　0.2%茚三酮溶液　0.01 mol/L 亮氨酸　正丁醇-甲酸-水混合液(50∶1∶10)　丙氨酸和亮氨酸的混合液

四、概述

纸色谱(Paper Chromatography)属于分配色谱的一种。它的分离作用不是依靠滤纸的吸附作用,而是以滤纸作为惰性载体,以吸附在滤纸上的水(普通干燥的滤纸含有6%～7%的水分,置于饱和水蒸气中的滤纸吸收水分可达20%～25%)或被浸入的有机溶剂作为固定相,流动相是被水饱和过的有机溶剂(展开剂)。将所需分离的样品点样在滤纸条的一端,滤纸放入装有展开剂的密闭容器中,展开剂依靠纸纤维的毛细作用沿滤纸上行,这时各组分物质在固定相和流动相之间进行连续多次的分配,这样依靠被分离物质在两相的分配系数不同而达到分离的目的。

纸色谱和薄层色谱一样,主要用于分离和鉴定有机化合物。纸色谱多用于多官能团或高极性化合物如氨基酸、糖、酚等的分离。

五、实验内容

(1) 层析滤纸的准备:取一滤纸裁成15 cm×5 cm的长条,注意不要污染滤纸条。

(2) 点样:用铅笔在距滤纸条一端约2 cm处,轻轻地画一条横线作为点样时的起始线,在起始线上均匀轻点三个点作为样品的点样点(不能将滤纸条表面破坏且点与点之间距离约1.5 cm以上)。用毛细管吸取少量的样品(丙氨酸、亮氨酸及二者的混合液),轻轻触及滤纸的点样点,然后立即抬起(即点样),待溶剂挥发后,再重复点样2～3次,点样时尽量使样品点有足够的浓度,样品点的扩散直径不得超过2～3 mm。

(3) 展开分离:取层析缸,内装正丁醇∶甲酸∶水(50∶1∶10)的混合液作为展开剂,等缸内形成溶液的饱和蒸气后将已点样晾干的滤纸条(滤纸条下端浸入展开剂中约1 cm,但起始线不能被展开剂浸没),盖上层析缸盖进行展开。当展开剂前沿至起始线距离约7 cm时,小心取出滤纸条,趁湿用铅笔画出展开剂前沿位置,晾干。

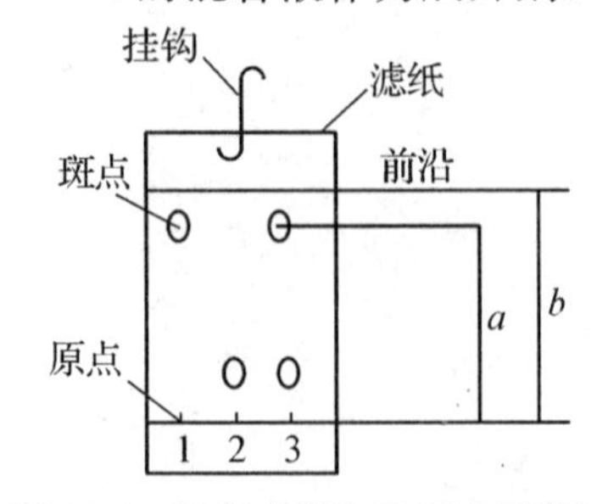

图10-1　纸条点样和展开后示意图

(4) 显色:用喷雾器将0.2%茚三酮溶液均匀地喷在滤纸上,将滤纸在电炉上烘至各氨基酸的红紫色斑点出现(约110 ℃),用铅笔画出各斑点的轮廓(见图10-1)。注意均匀烘烤，切勿烤焦滤纸。

(5) 计算 R_f 值：量出各组分相应的展开距离和展开剂距起始线的距离，分别计算各化合物的 R_f 值，并根据 R_f 值推断所给混合物中的组分。

思考题

1. 悬挂的滤纸条为什么不能接触层析缸壁？为什么展开时层析缸必须密闭？
2. 滤纸条的点样斑点浸在展开剂液面以下是否可以？为什么？

实验 10　旋光度的测定

一、目的要求

(1) 学习旋光仪的使用方法。

(2) 根据测得的旋光度求算葡萄糖和果糖的含量。

二、器材

WXG-4 小型旋光仪

三、药品

葡萄糖溶液(待测) $[\alpha]_D^{20}=+52.5°$　　　果糖溶液(待测)$[\alpha]_D^{20}=-92°$

四、概述

有些化合物因是手性分子，会表现出一定的光学特性，当一束平面偏振光透射过它们时，能使振动平面旋转一定的角度 α，这个角度就称为旋光度。使振动平面向右旋转的为右旋物质(以“＋”表示)；使振动平面向左旋转的为左旋物质(以“－”表示)。

旋光度不仅取决于物质的分子结构，而且还与被测溶液的浓度、样品管的长度、温度、所用光源的波长和溶剂有关，因此通常用比旋光度$[\alpha]_\lambda^t$ 来表示各物质的旋光性，两者的关系为：

$$[\alpha]_\lambda^t=\frac{\alpha}{lc}$$

式中，$[\alpha]_\lambda^t$ 为旋光性物质在 t ℃、光源波长为 λ 时的比旋光度；

α 为标尺盘转动角度的读数(即旋光度)；

l 为样品管的长度(以 dm 为单位)；

c 为浓度(1 mL 溶液中所含样品的克数)。

如果浓度 c 以 100 mL 溶液中所含样品的克数来表示，则上式可改写为：

$$[\alpha]_\lambda^t=\frac{\alpha}{lc}\times 100$$

通常是用钠光 D 线(589.3 nm)，在 20 ℃或 25 ℃下进行测定。比旋光度是物质的物理常数之一，测定旋光度[1]，可以鉴定旋光性物质的纯度及含量。

五、实验内容

1. 旋光仪零点的校正

(1) 接通旋光仪的电源，待钠光灯稳定(约 5 min)后，可开始测定。

(2) 在旋光仪中放入装有蒸馏水的样品管或不放任何东西，盖好镜筒盖。将刻度盘调在零点左右，从目镜中观察将看到一个三分视场[2]，慢慢转动手轮，直到中间的区域和两旁的区域亮度均匀，通常较暗，而且稍动一下手轮就会引起中间和两边亮度的明显变化，如图 11-1 所示：

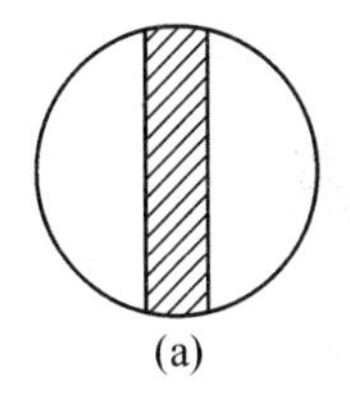
(a)

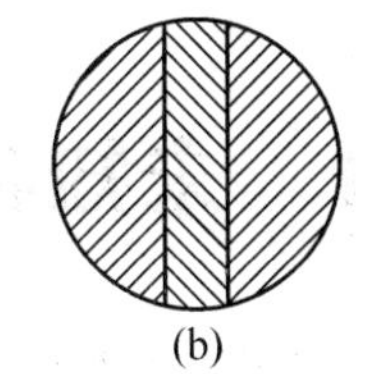
(b)

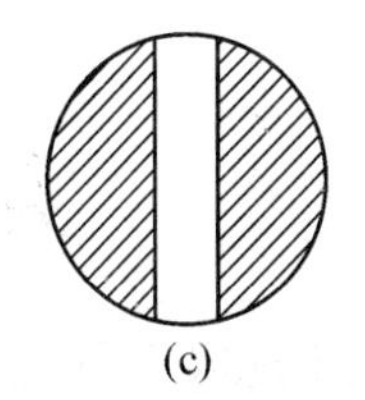
(c)

图 11-1　三分视场变化示意图

如果看到的是一很亮的视场，那也是错误的。观看刻度盘上的读数[3]，若有偏差，记录此偏差值。

2. 测定

（1）将样品管用少许待测液润洗三次，注满待测液，盖好圆玻片，装上橡皮圈，旋紧螺盖至不漏液为止，并将两头残液揩干。

（2）将样品管放入镜筒中（凸起部分朝上，如有气泡，使它置于凸颈部分），盖好镜筒盖。

（3）微微转动手轮，使视场亮度重新一致，读取刻度盘上的读数，重复读 3～5 次，取平均值，这时所得读数与偏差值的差即为该样品的实际读数。

（4）测定葡萄糖和果糖[4]溶液的旋光度并分别计算其含量。

注释：

[1] 旋光度与温度有关，当用钠 D 光测定时，温度每升高 1 ℃，大多数旋光性物质的旋光度约减少 3%。要求较高的测定，需在恒温条件下进行。

[2] 在测量中，由于人的眼睛对寻找最亮点和最暗点并不灵敏，旋光仪在起偏镜后加上了一块半阴片以帮助进行比较。利用半阴片通过比较中间与左、右明暗度相同作为调节的标准，提高测定的准确性。

[3] 若旋光度为 $\alpha=9.30°$，表现在刻度盘上的读数如图 11-2 所示：

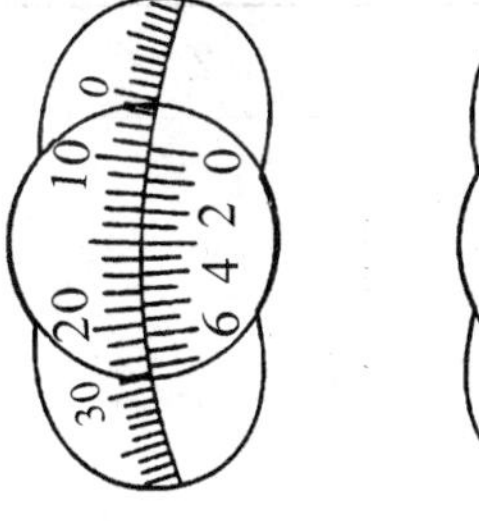

图 11-2　刻度盘读数

[4] 对于左旋物质旋光度的读数可按照右旋物质的读数方法读得，然后将该值减去 180°，即为该左旋物质的旋光度。对于一个未知旋光方向的物质，确定其旋光方向必须进行两次测定。即当第一次测完后，第二次将液体长度减小（换一支长度为原来一半的样品管）或者浓度减半，若测得的旋光度比第一次小时，则为右旋；当其测得的旋光度比第一次大时，则为左旋。

思考题

1. 如何确定一未知样品的旋光方向？
2. 影响物质旋光度大小的因素有哪些？

实验 11　未知物检查

在下列溶液中选取 7 种：正丁醇、仲丁醇（或异丙醇）、叔丁醇、苯酚、苯甲醛、甲醛、3-戊酮、苯乙酮、乙醛、丙酮，设计一个简单的试验方法，将它们加以区别（每次取试样 3 滴左右）。

一、试验方法设计（尽可能少的步骤、尽可能少的试剂及方法的合理性，占 30%）

二、试验结果（占 70%）

组别__________________

1	2	3	4	5	6	7

附：醇、酚、醚、醛、酮的化学性质

一、目的要求

(1) 掌握醇、酚、醚、醛、酮的主要化学性质。

(2) 通过未知物的检查，掌握有机化合物官能团鉴别的一般方法。

二、器材

水浴　软木塞　烧杯　电炉　试管

三、药品

甘油
2%硫酸铜溶液
5%氢氧化钠溶液
稀盐酸
苯酚
浓盐酸-无水氯化锌溶液
饱和溴水
2%苯酚溶液
乙醇
1%三氯化铁溶液
饱和苯酚溶液
10%碳酸钠溶液
丙酮
5%硝酸银溶液
斐林(Fehling)试剂甲
斐林(Fehling)试剂乙[1]
稀氨水(2%氨水)
冰醋酸
苯甲醛
苯乙酮
0.05%高锰酸钾溶液
稀硫酸
正丁醇
仲丁醇或异丙醇
叔丁醇
3-戊酮
1%邻苯二酚溶液
1%间苯二酚溶液
乙醚
含过氧化物的乙醚
5%碘化钠溶液
浓氨水
碘液
甲醛水溶液
2,4-二硝基苯肼试剂
5%亚硝酰铁氰化钠溶液

四、概述

1. 醇的化学性质

$$ROH+HX \rightleftharpoons RX+H_2O$$

饱和一元醇与氢卤酸作用时，其烃基可被卤素取代而生成卤代烷和水，反应速度与醇的类型有关。实验室通常是利用各类醇与 Lucas 试剂(浓 HCl+无水 $ZnCl_2$)反应速度的不同而将它们加以区别。

在强氧化剂高锰酸钾或重铬酸钾作用下，伯醇很容易被氧化成醛，进而氧化成酸；仲醇被氧化成酮，而叔醇则很难被氧化。这可以从 $KMnO_4$ 溶液的褪色情况不同而加以区别。

甘油和其他具有邻二醇结构的化合物，可与氢氧化铜发生反应生成深蓝色的溶液。例如：

$$
\begin{array}{l}CH_2-OH\\ |\\ CHOH\\ |\\ CH_2-OH\end{array} + \begin{array}{l}HO\\ \quad\diagdown\\ \quad\quad Cu\\ \quad\diagup\\ HO\end{array} \longrightarrow \begin{array}{l}CH_2-O\diagdown\\ |\qquad\qquad Cu\\ CH-O\diagup\\ |\\ CH_2-OH\end{array} + H_2O
$$

这是检验邻二醇结构的方法。

2. 酚的化学性质

酚中苯环的π轨道与羟基氧原子的p轨道构成p-π共轭体系，使羟基易离解出H^+，故酚具有弱酸性。酚羟基为较强的邻、对位定位基，使苯环活化，故酚的苯环易发生亲电取代反应，酚类能使溴水褪色。含酚羟基的化合物一般均能与三氯化铁发生颜色反应，这是具有烯醇式结构化合物的一般通性。

3. 醛和酮的化学性质

醛和酮都含有羰基，可与许多试剂（例如亚硫酸氢钠、氢氰酸、2,4-二硝基苯肼、羟胺等）反应。但醛中的羰基在碳链末端，而酮中的羰基在分子中部，两者的化学性质也存在某些差异，例如醛易被弱氧化剂（托伦试剂、斐林试剂）氧化成羧酸，而酮一般则不能。

脂肪醛和芳香醛也存在性质上的差异，如芳香醛不能与斐林试剂反应。

五、实验内容

1. 醇的化学性质

(1) Lucas反应：取干燥试管三支，分别加入Lucas试剂[2]及正丁醇、仲丁醇（或异丙醇）、叔丁醇各5滴（切勿振摇），塞好木塞，放入水浴中温热（切勿煮沸，保持在30 ℃以下），观察现象并比较三者的反应速度。

(2) 醇的氧化：在三支试管中各加入1 mL $KMnO_4$ 溶液和2滴稀 H_2SO_4，摇匀，再分别加入3～4滴正丁醇、仲丁醇（或异丙醇）、叔丁醇。振摇后在水中微热，观察试管中颜色的变化。

(3) 与氢氧化铜的反应：于一试管中加入硫酸铜溶液6滴，然后加氢氧化钠溶液8滴，使氢氧化铜完全沉淀，将此悬浊液等分为二，在振摇下分别加入2滴甘油和2滴乙醇，观察结果并加以比较。

2. 酚的化学性质

(1) 苯酚的酸性：将液体苯酚（注意与苯酚的水溶液相区别）2滴，加水5滴，摇振后得一乳浊液，然后滴入氢氧化钠至呈碱性，观察有何变化。再滴加硫酸至呈酸性，又有何变化。

(2) 溴代反应：取苯酚水溶液2滴置于一试管中，缓缓滴入饱和溴水5滴，并不断摇振，观察现象（注意：若溴水过量，则白色沉淀可转化为淡黄色的难溶于水的四溴化物）。

(3) 与三氯化铁的反应：取苯酚水溶液5滴置于一试管中，加入三氯化铁溶液2滴，振摇后观察颜色。

(4) 苯酚的氧化作用：取苯酚的水溶液10滴置于一试管中，加入碳酸钠溶液3滴，混合后加入高锰酸钾溶液2～3滴，同时加以振摇，观察现象。

3. 乙醚中过氧化物的检验

(1) 取乙醚5滴置于一试管中，加碘化钾溶液1滴，盐酸1滴，振摇后观察现象。

(2) 取含过氧化物的乙醚5滴作同样的试验，观察现象。

4. 醛和酮的化学性质

(1) 脎的生成：取两支试管分别加入3滴苯甲醛和3滴苯乙酮，在每支试管中滴加

2,4-二硝基苯肼试剂至沉淀,观察现象。

(2) 与托伦(Tollens)试剂的反应:取硝酸银溶液 10 滴,置于洁净的试管中,加入氢氧化钠溶液 1 滴,在振摇下逐滴加入稀氨水至生成的沉淀刚好溶解。将此配好的托伦试剂分一半到另一洁净试管中,再在两试管中分别加入甲醛溶液和丙酮溶液各 3 滴,摇匀后,置于水浴(50～60 ℃)中加热 2 min[3],观察现象并比较结果。

(3) 与斐林(Fehling)试剂的反应:取斐林试剂甲、乙各 10 滴于一试管中,混合均匀后分置于两支试管中,然后分别加入甲醛溶液和丙酮溶液各 4 滴,并于水浴中加热 3～5 min,观察现象并比较结果。

(4) 碘仿反应:在一试管中加入丙酮 2 滴,碘液 10 滴,摇匀后逐滴加入 5%氢氧化钠溶液直至碘的颜色褪去为止,观察现象。

(5) 丙酮的特殊反应:取试管两支,分别加入水 10 滴,丙酮 2～3 滴,亚硝酰铁氰化钠溶液($Na_2[Fe(CN)_5NO]$)5 滴,混匀、备用。

在其中一支试管内加入 NaOH 溶液 2 滴,混合均匀后观察现象。

在另一支试管内加入冰醋酸 2 滴,混匀。然后将试管倾斜,沿管壁慢慢加入浓氨水 10 滴(不要振摇)观察现象。

临床检验中,常用上述方法作为对尿液中丙酮的检查,以帮助疾病的诊断。

注释:

[1] Fehling 试剂:由于酒石酸钾钠和氢氧化铜混合后生成的络合物不稳定,故需分别配制。

Fehling 试剂甲:结晶硫酸铜 34.6 g 溶于 500 mL 水中。

Fehling 试剂乙:酒石酸钾钠 173 g、氢氧化钠 70 g,溶于 500 mL 水中。

[2] Lucas 试剂:将 34 g 熔化后的无水氯化锌溶于 23 mL 浓盐酸中,同时冷却。切勿使氯化氢逸出,约得35 mL溶液。冷却后,置于玻璃瓶中,塞紧塞子备用。

[3] Tollens 试剂:实验过程中,氨水量切勿过多,否则效果欠佳。由于该试剂久置后会形成易爆炸的雷银沉淀,故需临时配制。实验时,切忌用火焰直接加热,以免发生危险。

实验 12　羧酸、羧酸衍生物、取代羧酸的化学性质

一、目的要求

(1) 掌握羧酸及其衍生物的主要化学性质。
(2) 掌握取代羧酸的主要化学性质。
(3) 熟悉酮式-烯醇式互变异构现象。

二、器材

烧杯　表面皿　试管　带塞的导管及配套的试管

三、药品

1%乙酸溶液	1%甲酸溶液
10%盐酸溶液	苯甲酸晶体
冰醋酸	浓硫酸
10%酒石酸溶液	饱和水杨酸溶液
草酸粉末	乙酐
50%乳酸溶液	稀硫酸
10%乙酰乙酸乙酯溶液	饱和溴水
1%三氯化铁溶液	石灰水
无水乙醇	10%氢氧化钠溶液
2%氨水	5%硝酸银溶液
苯胺	0.5%高锰酸钾溶液
石蕊试纸	10%碳酸钠溶液
水杨酸粉末	

四、概述

羧酸具有酸性，一般为弱酸，pK_a 在 4～5 之间。它们能与碱成盐，但在强酸的作用下，又能重新游离析出。

甲酸的酸性在脂肪一元羧酸中为最强，pK_a 为 3.75。又因分子结构中含有醛基而具有还原性，能发生银镜反应。

羧酸在一定条件下能发生脱羧反应。例如草酸加热时，容易脱羧，失去一分子二氧化碳，生成甲酸。

$$HOOCCOOH \xrightarrow{\triangle} HCOOH + CO_2$$

羧酸衍生物有酯、酰卤、酸酐等。它们在一定条件下，都能发生醇解、氨解等反应。

α-醇酸用稀高锰酸钾酸性溶液加热处理，可分解为醛(酮)、二氧化碳和水。若用稀硫酸加热处理，则可分解为醛(酮)和甲酸。这是α-醇酸的特性反应。

$$RC(H(R'))(OH)COOH \xrightarrow{稀\ KMnO_4/H_2SO_4} RC(H(R'))=O + CO_2 + H_2O$$

$$RC(H(R'))(OH)COOH \xrightarrow{稀\ H_2SO_4} RC(H(R'))=O + HCOOH$$

RCH(OH)COOH 型的 α-醇酸，如乳酸、酒石酸等，通过氧化脱羧成醛，可以发生银镜反应。

水杨酸为酚酸，分子中含有酚羟基，能与三氯化铁作用生成紫色配合物。若将水杨酸加热到 230～250 ℃，即起脱羧反应生成苯酚。

在乙酰乙酸乙酯溶液中，存在酮式-烯醇式两种异构体的互变平衡。

$$CH_3\overset{O}{\overset{\|}{C}}—CH_2—\overset{O}{\overset{\|}{C}}—OC_2H_5 \rightleftharpoons CH_3\overset{OH}{\overset{|}{C}}=CH—\overset{O}{\overset{\|}{C}}—OC_2H_5$$

一般来说，分子中具有 $—\overset{O}{\overset{\|}{C}}—CH_2—\overset{O}{\overset{\|}{C}}—$ 结构单元的化合物都可以发生酮式-烯醇式的互变。

五、实验内容

1. 羧酸的性质

(1) 成盐反应：取绿豆大小苯甲酸晶体放入盛有 2 mL 水的试管中，加入氢氧化钠溶液数滴至呈碱性，振荡并观察现象。接着再加数滴盐酸呈酸性，振荡并观察现象。

(2) 酯化反应：在干燥的小试管中加入无水乙醇、冰醋酸各 10 滴，再加入 5 滴浓硫酸，振荡均匀，置于 60～70 ℃ 的水浴中约 10 min，然后再将试管浸入冷水中冷却，最后向试管中加水 5 mL，注意气味。

(3) 甲酸的还原性：取硝酸银溶液 10 滴加入一干净明亮的试管中，加入 1 滴氢氧化钠溶液，再逐滴加入氨水，并不断振摇，加至沉淀刚好溶解为止，即得硝酸银的氨溶液。在此溶液中加入 5 滴甲酸溶液，并逐滴加入氢氧化钠溶液中和呈碱性，置于水浴上加热，观察现象。

(4) 草酸脱羧：在一干燥试管中，加入一小匙固体草酸，将试管夹在铁架上，使管口略高于管底，装上带有导管的塞子，并把导管插入另一盛有 2 mL 石灰水的试管中，用小火均匀加热盛有草酸的试管底部，观察现象。

2. 羧酸衍生物的性质

(1) 酸酐的氨解：取一滴苯胺于表面皿上，加 1～2 滴乙酐，用玻棒微微搅拌，再加少量水，观察现象。

(2) 酸酐的醇解：在一干燥的小试管中，加入 10 滴无水乙醇，逐滴加入乙酐 5 滴，然后在水浴中加热至沸，并以碳酸钠溶液中和反应液，使呈碱性，再将生成物倒入盛有水的试管中，注意气味。

3. 取代羧酸的性质

(1) α-醇酸的特性反应：① 在大试管中加入 10 滴乳酸溶液、10 滴稀硫酸溶液和 5 滴高锰酸钾溶液，装上导管并将导管伸入另一盛有 10 滴石灰水的小试管中，此小试管放在盛有冷水的烧杯中，用酒精灯加热大试管内的混合物，观察现象，并注意作为接收器的小试管中有明显的乙醛臭。② 取乳酸溶液 10 滴放在装有导管的试管中，加 10 滴稀硫酸溶液，将导管伸到另一盛有 10 滴水的试管中，此管放在盛有冷水的烧杯中，加热混合液，直到出现泡沫时停止加热。乳酸分解得到的挥发性乙醛溶解在冷却的水中，注意有明显的乙醛臭。将此乙醛液留做下面的银镜反应。

在一支试管内制备硝酸银的氨溶液(见甲酸的还原性)，并将此溶液倒入乙醛溶液中，水浴加热，观察现象。

(2) 酒石酸的银镜反应：置酒石酸1滴于试管中，加蒸馏水9滴，再加氢氧化钠溶液至呈碱性(以pH试纸试之)，加入硝酸银溶液3滴即产生黄褐色沉淀[1]。然后逐滴加入氨水至沉淀恰好溶解，置水浴加热到60～70 ℃。观察并记录现象。

(3) 水杨酸的性质反应：① 置5滴饱和水杨酸溶液于一试管中，加入1～2滴三氯化铁溶液，观察溶液颜色变化。② 取少量水杨酸粉末装入一支带有导管的干燥试管中，将导管一端插入盛有2 mL石灰水的试管中，然后加热水杨酸粉末，使之熔化并继续煮沸，观察两支试管各有何变化。盛水杨酸的试管中有何特殊气味？

(4) 乙酰乙酸乙酯的性质：取乙酰乙酸乙酯溶液5滴于一试管中，加三氯化铁溶液1滴，观察紫色的出现。向此溶液中加入饱和溴水1～2滴，紫色消失，稍等片刻，紫色重新出现。

注释：

[1] 加入硝酸银后，若产生白色沉淀，说明氢氧化钠加得不够，溶液未呈碱性，致使加入的硝酸银与酒石酸作用生成酒石酸银的白色沉淀，而不能发生银镜反应。

实验 13　胺和酰胺的化学性质

一、目的要求

熟悉胺和酰胺的主要化学性质。

二、器材

试管　量筒　烧杯　温度计　玻棒

三、药品

6 mol/L 盐酸　　苯酚
淀粉-碘化钾试纸　　3 mol/L 硫酸
浓硝酸　　尿素(固体)
苯胺　　N,N-二甲苯胺
1%硫酸铜溶液　　1%苯胺溶液
N-甲基苯胺　　饱和醋酸钠溶液
饱和溴水　　20%氢氧化钠溶液
蓝色石蕊试纸　　饱和草酸溶液
苯磺酰氯　　红色石蕊试纸
浓盐酸　　10%氢氧化钠溶液
30%尿素溶液　　20%亚硝酸钠溶液
冰

四、概述

1. 胺的化学性质

胺的水溶液具有弱碱性,能与酸作用生成盐。如:

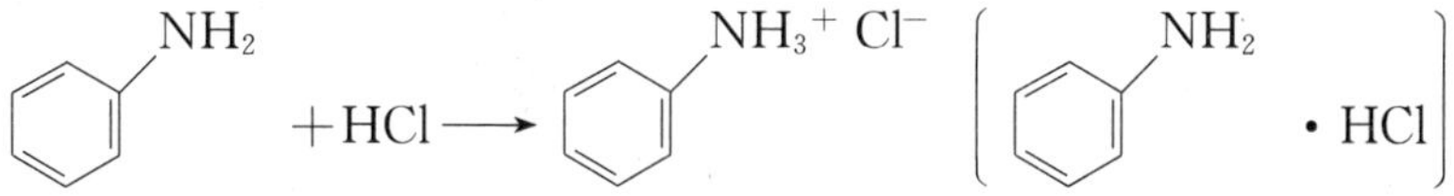

$$C_6H_5NH_2 + HCl \longrightarrow C_6H_5NH_3^+Cl^- \quad (C_6H_5NH_2 \cdot HCl)$$

氯化苯铵　苯胺盐酸盐

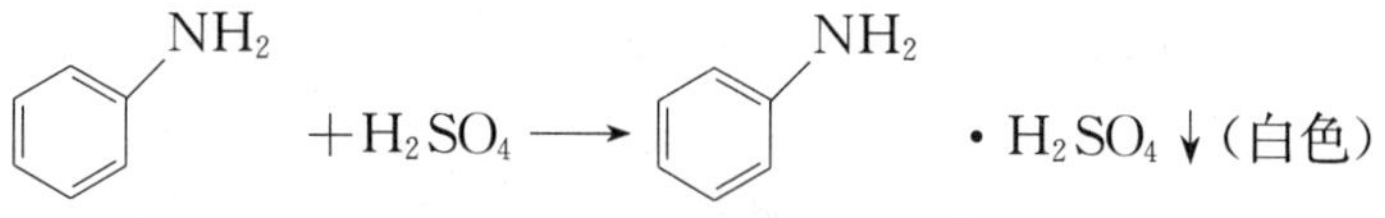

$$C_6H_5NH_2 + H_2SO_4 \longrightarrow C_6H_5NH_2 \cdot H_2SO_4 \downarrow \text{(白色)}$$

苯胺硫酸盐

苯胺在室温下与溴水发生芳环上的取代反应。

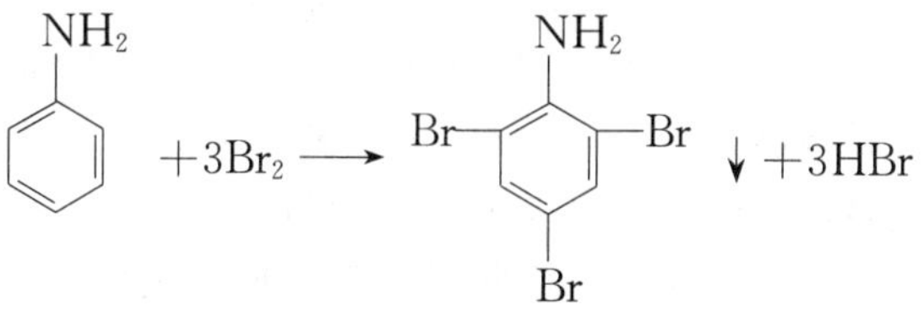

$$C_6H_5NH_2 + 3Br_2 \longrightarrow 2,4,6\text{-}Br_3C_6H_2NH_2 \downarrow + 3HBr$$

苯胺及其他芳香伯胺,在低温和强酸存在时,与亚硝酸能发生重氮化反应而生成重氮盐。重氮盐的化学性质活泼，它与芳胺或酚类起偶联反应生成有色的偶氮化合物：

$$C_6H_5-N_2^+Cl^- + C_6H_5-N(CH_3)_2 \xrightarrow[0\ ℃]{中性或弱酸性} C_6H_5-N=N-C_6H_4-N(CH_3)_2\downarrow + HCl$$

对二甲氨基偶氮苯（黄色）

$$C_6H_5-N_2^+Cl^- + C_6H_5-OH \xrightarrow[0\ ℃]{弱碱性} C_6H_5-N=N-C_6H_4-OH\downarrow + HCl$$

对羟基偶氮苯（橘黄色）

2. 酰胺的化学性质

酰胺是由酰基和氨基结合而成的化合物。尿素是碳酸的二酰胺，也可看作是氨基甲酸的酰胺，尿素碱性极弱，与硝酸或草酸作用生成难溶盐。

$$H_2NCONH_2 + HNO_3 \longrightarrow H_2NCONH_2 \cdot HNO_3\downarrow$$

硝酸脲（白色沉淀）

$$H_2NCONH_2 + HOOCCOOH \longrightarrow H_2NCO\overset{+}{N}H_3COO^-(COOH)\downarrow$$

（白色沉淀）

尿素在碱液中加热后易水解而放出氨气：

$$H_2NCONH_2 + 2NaOH \xrightarrow{\triangle} Na_2CO_3 + 2NH_3\uparrow$$

尿素与亚硝酸作用放出氮气和二氧化碳：

$$H_2N-\overset{O}{\overset{\|}{C}}-NH_2 + 2HNO_2 \longrightarrow H_2CO_3 + 2N_2\uparrow + 2H_2O$$

$$H_2CO_3 \longrightarrow CO_2\uparrow + H_2O$$

尿素加热至其熔点以上，两分子尿素失去一分子氨而生成缩二脲。缩二脲在碱性溶液中与铜盐发生反应，生成紫红色配合物，此反应称为缩二脲反应。

$$H_2N-\overset{O}{\overset{\|}{C}}-NH_2 + H-NH-\overset{O}{\overset{\|}{C}}-NH_2 \xrightarrow{150\sim160\ ℃} H_2N-\overset{O}{\overset{\|}{C}}-NH-\overset{O}{\overset{\|}{C}}-NH_2$$

五、实验内容

1. 苯胺的碱性

于一试管中加入苯胺5滴、水2 mL，振摇之，观察现象。将上述溶液分装在两试管中，于一试管中加入盐酸2～3滴，另一试管中加入硫酸2～3滴，振摇，比较两试管中的结果。

2. 苯胺的溴代作用

取10滴1%苯胺溶液置于一试管中，加入1～2滴溴水，观察结果。

3. 苯胺的重氮化反应

取5滴苯胺、10滴水、10滴浓盐酸置于一试管中混合，将此试管浸在盛有冰水的烧杯中，冷却至0～5 ℃，在此温度下逐滴加入亚硝酸钠溶液[1]，并不断地用玻棒搅拌以使溶液充分混合，从加入第4滴亚硝酸钠溶液开始，每加一滴亚硝酸钠溶液，搅拌1 min（近终点时，反应速度缓慢），并取出1滴反应液以淀粉-碘化钾试纸检验，如试纸立刻出现蓝色的斑点（即KI被过量 HNO_2 氧化析出 I_2）表示反应已完成，此时不需再加亚硝酸钠溶液[2]；无蓝色的斑点出现，应继续滴加亚硝酸钠溶液至淀粉-碘化钾试纸产生深蓝色的斑点为止。将此制成的重氮盐溶液分成两管浸在冰水中备用。

4. 偶联反应

(1) 重氮盐与芳胺偶联:取 3 滴 N,N-二甲基苯胺、10 滴水置于一试管中混合,滴加浓盐酸至恰使其溶解,把所得的透明溶液放在冰水中冷却几分钟,然后再加入上面自制的重氮盐溶液 1 mL 及饱和醋酸钠并调节 pH 至弱酸性,振摇并观察结果。

(2) 重氮盐与苯酚偶联:取 1 mL 上面自制的重氮盐溶液放在试管中,加入 2 滴苯酚及 2 滴氢氧化钠溶液,振摇并观察结果。

5. 尿素的碱性

在两试管中分别加入尿素溶液 5 滴,然后在一管中加入 5 滴浓硝酸,在另一管中加入 5 滴饱和草酸溶液,观察现象。

6. 尿素水解

在一试管中加入氢氧化钠溶液 10 滴,尿素溶液 5 滴,将试管用小火加热,嗅所产生的气味,并将润湿的红色石蕊试纸放在试管口,观察颜色的变化。

7. 尿素与亚硝酸的反应

在一试管中加入尿素溶液 6 滴、亚硝酸钠溶液 3 滴,将试管置于冷水中,然后逐滴加入 10 滴硫酸,振摇试管,会逸出哪些气体? 用润湿的蓝色石蕊试纸放在管口,观察颜色的变化。

8. 缩二脲反应

在一干燥试管中放入一小角匙尿素,将试管用小火加热,尿素先熔化,继而放出氨气(嗅其气味或以润湿的红色石蕊试纸检验),继续加热,试管内的物质逐渐凝固,最后结成固体,停止加热。待试管冷却后,加入约 20 滴水,用玻棒搅拌,加热使固体尽量溶解,然后加入氢氧化钠溶液及硫酸铜溶液各 2 滴,观察结果。

注释:

[1] 由于重氮盐很不稳定,温度高时易分解,必须严格控制反应温度,制备时一般不从水溶液中分出,保存在 1～5 ℃冰水中备用。

[2] 在重氮化反应中,亚硝酸钠不要过量太多。

实验 14　糖类化合物的性质及胆固醇的检验反应

一、目的要求

（1）掌握糖类化合物的性质和鉴别反应。

（2）了解胆固醇的鉴定反应。

二、器材

烧杯　量筒　显微镜　盖玻片　点滴板　载玻片　电炉　小蒸发皿　吸管

三、药品

2%葡萄糖溶液

2%果糖溶液

2%麦芽糖溶液

10%α-萘酚酒精溶液

2%蔗糖溶液

2%淀粉溶液

谢里瓦诺夫试剂[1]

班氏试剂

碘试液

苯肼试剂[2]

乙酐

浓硫酸

浓盐酸

10%硫酸溶液

10%氢氧化钠溶液

0.01%胆固醇的氯仿溶液

四、概述

1. 糖类化合物的脱水反应

糖类化合物在适当条件下可脱水生成糠醛及其衍生物，后者与某些试剂反应可产生显色反应。

（1）莫里许（Molisch）反应：糖类化合物用浓硫酸作脱水剂，然后再与α-萘酚反应，便可得紫色化合物。这对所有的糖都呈阳性反应，称作莫里许反应，这是检验糖类的通用试验。

（2）谢里瓦诺夫（Seliwanoff）反应：糖类化合物在盐酸作用下加热脱水，再与间苯二酚反应，则可得红色产物，称作谢里瓦诺夫反应。酮糖很快呈现桃红色，而醛糖则需较长时间才显色，故此反应常用作醛糖和酮糖的区别试验。

2. 糖的还原性

糖分为还原糖和非还原糖。糖分子内的半缩醛（酮）结构，使糖具有还原性，如葡萄糖、果糖、麦芽糖、乳糖等均属还原糖，都能使托伦试剂、斐林试剂和班氏试剂还原；而蔗糖则与此相反，属非还原糖；多糖分子中虽有半缩醛结构，但因在如此巨大的分子中所占比例极小而不足以表现出还原性。

3. 成脎反应

还原糖可与苯肼反应而生成糖脎。根据糖脎的形状和熔点，可以鉴别不同的糖。葡萄糖和果糖形成相同晶形的糖脎。蔗糖和淀粉经水解成还原糖后亦有成脎反应。

4. 水解反应

二糖和多糖可水解为单糖（还原糖），故本无还原性的蔗糖和淀粉经水解后，便均具有还原性。

淀粉遇碘呈蓝色，这是鉴定淀粉的常用反应。淀粉在水解过程中，经一系列水解中间产物，最后生成葡萄糖。在水解的不同阶段，与碘所显颜色也各异：

水解过程：$(C_6H_{10}O_5)_n \longrightarrow (C_6H_{10}O_5)_{n-x} \longrightarrow C_{12}H_{22}O_{11} \longrightarrow C_6H_{12}O_6$

淀粉 → 紫糊精 → 红糊精 → 无色糊精 ——→ 麦芽糖 ——→ 葡萄糖

与碘显色：蓝色　紫色　红色　不显色

5. 胆固醇的检验反应

胆固醇是一种重要的甾醇，溶解在氯仿中的胆固醇与乙酐及浓硫酸作用，呈现浅红→蓝→紫→绿色的一系列变色过程，该显色反应称列勃曼-布查(Liberman-Burchard)反应。反应呈现的颜色深浅与胆固醇含量成正比，临床上用此反应来测定血清中胆固醇的含量。

五、实验内容

1. 糖类化合物的脱水反应

(1) 莫里许反应：取三支试管，分别加入葡萄糖(单糖)、蔗糖(二糖)和淀粉(多糖)溶液各 10 滴，再各加 3 滴 α-萘酚的乙醇溶液，振匀，将试管倾斜成 45°角，沿管壁慢慢加入浓硫酸各 5 滴，勿振摇，使硫酸和糖液之间有明显的分层，观察两液层间有无颜色变化。(注：盛淀粉的试管中 10～15 min 后才有颜色变化)

(2) 谢里瓦诺夫反应：在两支试管中分别加入 10 滴葡萄糖溶液和果糖溶液，再各加入 5 滴新配制的谢里瓦诺夫试剂，摇匀，置沸水浴中加热 2 min，观察结果并解释之。

2. 糖的还原性

(1) 与托伦试剂的反应：取洁净试管四支，各加入托伦试剂(参照醛酮化学性质中托伦试剂的配制，自配后分装)1 mL，再分别加入 5 滴葡萄糖、果糖、麦芽糖和蔗糖溶液，置于 60～80 ℃热水浴中加热数分钟，观察结果并解释之。

(2) 与班氏试剂的反应：在四支试管中，分别加入葡萄糖、果糖、麦芽糖和蔗糖溶液各 5 滴，再各加班氏试剂 10 滴，置沸水浴中加热 2～3 min(注：时间不宜太长)，取出所有试管，放置并注意观察各管中颜色的变化并解释之。

3. 糖脎的生成

取四支试管，分别加入葡萄糖、果糖、乳糖和麦芽糖溶液各 1 mL 和苯肼试剂各 10 滴，摇匀后置沸水浴中加热 30 min，取出后让其自然冷却，注意观察糖脎生成速度，待出现结晶后，用吸管各取一滴(吸管每次用后应用清水洗净后方可再用)于载玻片上，置显微镜下用低倍镜观察各种糖脎的晶型。

4. 蔗糖的水解

在试管中加入蔗糖溶液 10 滴，浓盐酸 3 滴，摇匀，置沸水浴中加热 5 min，取出冷却后，用氢氧化钠中和至碱性，再加班氏试剂 5 滴，置水浴中加热，观察颜色的变化并与实验 2 (2)中蔗糖未水解时的反应作比较。

5. 淀粉的水解与碘的反应

(1) 在一试管中加入淀粉溶液 5 滴，再加碘试液 1 滴，观察颜色的变化。

(2) 在一试管中加入淀粉溶液 5 滴，再加班氏试剂 10 滴。置沸水浴中加热 3～4 min。观察是否有颜色变化。

(3) 在一试管中加入淀粉溶液 1 mL，再加浓盐酸 2 滴，置沸水浴中加热，在约 10 min 后每隔 1～2 min 用吸管取出一滴反应液置于点滴板上，再加碘试液 1 滴，观察颜色的变化。待反应液对碘不再有颜色变化时(可在点滴板另加1滴碘试液和1滴葡萄糖液混匀后作对照),取出试管冷却,用氢氧化钠溶液调节至呈碱性,再加班氏试剂5滴,置于沸水浴中加热5 min,观察颜色的变化。

6. 胆固醇的检验反应

取一干燥试管,加入0.01%胆固醇的氯仿溶液1 mL,再加入乙酐15滴,摇匀后加入浓硫酸2滴,及时仔细观察溶液颜色的变化过程。

注释:

[1] 谢里瓦诺夫试剂的配制:称取0.5 g间苯二酚溶于500 mL浓盐酸中,再加入500 mL蒸馏水。

[2] 苯肼试剂的配制:称取5 g盐酸苯肼溶于适量水中,微热使之溶解(必要时加活性炭脱色过滤),再加入9 g醋酸钠晶体,搅拌溶解,加蒸馏水至100 mL。

实验 15　模型作业

一、目的要求

(1) 了解碳原子的成键特性，掌握碳原子杂化的三种基本类型：sp^3、sp^2、sp。

(2) 通过模型作业，建立有机化合物的空间概念，明确构造异构、构型异构(cis/trans 和 Z/E 构型标记法；D/L 和 R/S 构型标记法)和构象异构(几种典型的构象式)的有关问题。

二、器材

多孔球　铝棒　单色球(四种颜色)

三、概述

用来表示有机化合物分子的模型有很多种，如 Stuart 模型(又称比例模型)、Dreiding 模型等，最常用的教学模型是 Kekule 模型，又称球棒模型，根据碳原子的杂化状态分为四孔球(sp^3)、五孔球(sp^2)和六孔球(sp)。为使一球多用，现将碳球改为多面体，并有很多不同角度的小孔，可以根据需要，灵活使用。

四、实验内容

首先取出三个多孔球，分别搭出 sp^3、sp^2、sp 三种杂化状态的模型，然后分别进行下述实验模型的搭建。

1. 构造异构、顺反异构和构象异构

(1) 甲烷、乙烯、乙炔的模型

上述三者分别为何种空间构型？其中的碳原子为哪一种杂化类型？杂化轨道间的夹角各为多少？σ 键与 π 键是如何形成的？各有何特点？

(2) 乙烷的构象

了解构象异构现象。通过模型掌握乙烷的典型构象与优势构象，并能运用锯架式、伞形式和 Newman 投影式画出乙烷的典型构象，分析优势构象稳定的原因。

(3) 丁烷和异丁烷的模型

了解碳链异构现象。以丁烷为例，观察对位交叉、邻位交叉、部分重叠和全重叠四种构象，并能运用锯架式、伞形式和 Newman 投影式画出这四种构象式，分析这四种构象的稳定情况(能量高低)。为什么丁烷分子锯齿型最稳定？请写出 1,2 -二氯乙烷及乙二醇优势构象的 Newman 投影式。

(4) 1,2 -二氯乙烯和 1,1 -二氯丙烯的模型

上述哪些有顺反异构？哪些没有？总结归纳出形成顺反异构的条件。熟悉顺-反(cis/trans)构型标记法和 Z/E 构型标记法。

(5) 1,3 -丁二烯和苯的模型

上述物质中有无共轭体系？属于 π - π 共轭、p - π 共轭还是 σ - π 超共轭？总结归纳出形成共轭体系的条件是什么。

熟悉 1,3 -丁二烯的两种构象：S -反- 1,3 -丁二烯与 S -顺- 1,3 -丁二烯。

(6) 丙二烯的模型

分析每个碳的杂化状态及分子的对称性(有无对称面和对称中心)。

(7) 环己烷的构象模型

① 为什么椅式构象较船式构象稳定？找出环己烷椅式构象的分子平面(环平面)，什么是 a 键和 e 键？它们与分子平面和对称轴的夹角分别为多少？能够画出环己烷椅式构象并能确认 a 键和 e 键。了解翻环前后 a 键和 e 键的变化情况和空间关系是否发生变化。

②讨论为什么取代环己烷的 e 键取代比 a 键取代稳定？影响取代环烷烃构象的稳定性因素有哪些？分析多取代环己烷优势构象的规律。

③ 分析环己烷 1,2 -二羧酸、环己烷 1,3 -二羧酸和环己烷 1,4 -二羧酸的顺/反异构及最稳定的构象各是什么。

④ 写出下列各物质的最稳定构象：

杀虫剂六六六、1,3-环己二醇和 CH_3 CH_3 $C(CH_3)_3$ 。

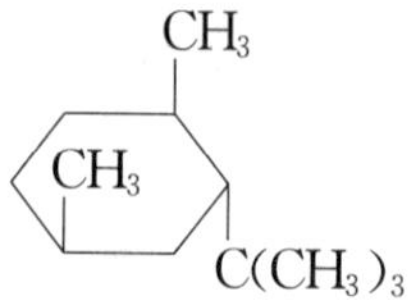

(8) 顺式和反式十氢萘的模型

为什么反式十氢萘较顺式十氢萘稳定？并分析二者有无构象转换体。

2. 旋光异构

(1) 甘油醛的模型

分析产生旋光异构现象的原因，理解手性与手性碳原子的概念。通过模型掌握什么是对映体和什么是外消旋体，掌握 D/L 构型标记法和 R/S 构型标记法。

(2) α,β-二氯丁酸的模型

分析含有两个不相同手性碳原子的化合物的立体异构现象，掌握对映体与非对映体的区别。

(3) 酒石酸的模型

分析含有两个相同手性碳原子的化合物的立体异构现象，掌握外消旋体和内消旋体的区别。

(4) 通过模型，理解赤式和苏式、差向异构体、假不对称碳原子等概念。

(5) 通过 2,3 -戊二烯的模型分析不含手性碳原子的手性化合物的立体异构现象(如丙二烯型化合物、联苯型化合物、把手型化合物和具有螺旋形结构的化合物)。

(6) 通过模型熟悉 Fischer 投影式与 Newman 投影式的不同之处及两者之间的相互转换。

(7) 讨论并总结构造、构型与构象的异同。

实验 16　乙酰水杨酸的制备

一、目的要求

(1) 掌握乙酰水杨酸的制备原理。

(2) 掌握混合溶剂进行重结晶的方法。

二、器材

玻璃磨口仪器等　显微熔点仪　循环水泵

三、药品

水杨酸　乙酐　饱和碳酸氢钠溶液　石油醚(30～60 ℃)　盐酸　乙醚
0.1%三氯化铁水溶液　浓磷酸

四、反应原理

乙酰水杨酸又称阿司匹林(Aspirin)，是一种常用的解热镇痛药。乙酰水杨酸常用的制备方法是将水杨酸与乙酐作用，使水杨酸分子中羟基上的氢原子被乙酰基取代，生成乙酰水杨酸。为了破坏水杨酸分子内的氢键[1]，加速反应的进行，常加少量的浓硫酸或浓磷酸作催化剂。

反应式如下：

$$C_6H_4(COOH)(OH) + (CH_3CO)_2O \xrightarrow[\triangle]{H^+} C_6H_4(COOH)(OCOCH_3)$$

除乙酐外，还可以用乙酰氯作为酰化剂制备乙酰水杨酸。

乙酰水杨酸为白色针状或片状晶体，熔点 135 ℃，易溶于乙醇、乙醚和氯仿中，微溶于水，不溶于石油醚。

五、实验步骤

在一干燥[2]的 50 mL 锥形瓶中，加入 2.8 g(约 0.02 mol)水杨酸和 6 mL(约 0.06 mol)乙酐，摇匀。滴加浓磷酸 12 滴，置于 80～90 ℃水浴中加热并不断振摇 10 min。取出锥形瓶，冷却后用 30 mL 水，先加 2～3 mL 分解过量乙酐，在剧烈搅拌下慢慢将全部水加入锥形瓶，静置在冰水浴中冷却结晶。减压抽滤，抽干得粗制产品。留少量(绿豆大小)粗制产品于一小试管中留待检测。

将阿司匹林粗品转移到小烧杯中，加入饱和碳酸氢钠溶液 35 mL。搅拌到没有二氧化碳放出为止(无气泡放出，嘶嘶声停止)。减压抽滤，除去不溶物并用少量水洗涤。将滤液转移至小烧杯后，慢慢加入 20 mL 体积比为 1∶3 的盐酸溶液并搅拌，阿司匹林即从溶液中析出。冰水浴充分冷却，抽滤，并用少量冷水洗涤，抽干压紧固体，烘干得阿司匹林粗品，称重。

关闭实验室一切热源后，取以上烘干的粗产品 1 g，放在 50 mL 锥形瓶中，加入少量的乙醚(10 ～12 mL)，温水浴加热(约 40 ℃)并搅拌使固体溶解，再加入约 12 mL 石油醚[3]，塞紧塞子后静置在冰水浴中冷却，阿司匹林渐渐析出，抽滤晾干后得到阿司匹林精制品，熔点 135～136 ℃。

分别取少量水杨酸、乙酰水杨酸粗品和精制品，加入 10 滴乙醇、2 滴 0.1% $FeCl_3$ 水溶液，观察并比较颜色[4]。

注释：

[1] 由于分子内氢键的作用，水杨酸与醋酸酐直接反应需在 150～160 ℃才能生成乙酰水杨酸。加入酸的目的主要是破坏氢键的存在，使反应在较低的温度下（90 ℃）就可以进行，而且可以大大减少副产物，因此实验中要注意控制好温度。

[2] 此反应开始时，仪器应经过干燥处理，药品也要事先经过干燥处理。

[3] 粗产品也可用乙醇—水，或 1∶1（体积比）的稀盐酸，或苯和石油醚（30～60 ℃）的混合溶剂进行重结晶。

[4] 如粗产品中混有水杨酸，用 0.1%三氯化铁检验时会显紫色。

思考题

1. 本实验中可产生哪些副产物？
2. 通过什么样的简便方法可以鉴定出阿司匹林是否变质？
3. 如果在硫酸存在下，水杨酸与乙醇作用将会得到什么产物？写出反应方程式。

实验 17　正丁醚的合成

一、目的要求

（1）掌握制备正丁醚的原理和方法。

（2）学习分水器的使用，进一步巩固回流、蒸馏、萃取操作。

二、器材

玻璃磨口仪器等　阿贝折射仪

三、药品

正丁醇　浓硫酸　50％硫酸　无水氯化钙

四、反应原理

醇分子间脱水生成醚是制备简单醚的常用方法。在浓硫酸存在下，正丁醇在不同温度下脱水产物不同，主要是正丁醚或丁烯，因此反应必须严格控制温度。

主反应：

$$2CH_3CH_2CH_2CH_2OH \xrightarrow[134\sim135\ ^\circ C]{\text{浓硫酸}} (CH_3CH_2CH_2CH_2)_2O + H_2O$$

副反应：

$$CH_3CH_2CH_2CH_2OH \xrightarrow[>135\ ^\circ C]{\text{浓硫酸}} CH_3CH_2CH=CH_2 + H_2O$$

反应过程中正丁醇、反应生成的水及正丁醚能形成沸点为 90 ℃的三元恒沸物，经冷凝回流进入分水器中，由于正丁醇、正丁醚在水中的溶解度较小且密度也比水小，因此浮于上层。利用分水器就可以使正丁醇自动地连续返回到反应器中继续反应，水则主要留在分水器的下部与反应体系脱离，有利于反应向生成醚的方向进行。

五、实验步骤

在干燥的 100 mL 三口瓶中加入 15.5 mL 正丁醇，将 2.5 mL 浓硫酸分批慢慢加入瓶中，边加边不停地摇荡，使瓶中的浓硫酸与正丁醇混合均匀[1]，并加入几粒沸石。在烧瓶口上装温度计和分水器(分水器中充满水后预先放出约 2 mL 水)，温度计要插在液面以下，分水器上端接一回流冷凝管。然后小火加热至微沸[2]，进行分水，反应中产生的水经冷凝后收集在分水器的下层。随着反应的进行，分水器中的水层不断增加，反应液的温度也不断上升。当分水器中的水层不再变化，瓶中反应液温度超过 135 ℃时，停止加热，否则溶液会变黑，并有大量副产物丁烯生成。

冷却后将烧瓶中的液体转移到已盛有 30 mL 水的分液漏斗中，充分振摇，静置分去下层液体。上层粗产品每次用 7.5 mL 冷的 50％硫酸[3]洗涤[4]，共洗 2 次，再用 8 mL 蒸馏水洗涤 2 次，最后用 1 g 无水氯化钙干燥。将干燥后的粗产物倒入 25 mL 圆底烧瓶中(注意不要把氯化钙倒进瓶中)进行蒸馏，收集 140～144 ℃的馏分。

纯正丁醚为无色液体，沸点为 142.4 ℃，折射率 n_D^{20} 为 1.399 2。

注释：

[1] 如不充分摇匀，在酸与醇的界面处会局部过热，使部分正丁醇炭化，反应液很快变为红色甚至棕色，加热后易使反应溶液变黑。

[2] 反应开始回流时，由于有三元恒沸物的存在，温度不可能马上达到 135 ℃，但随着水被蒸出，温度会逐渐升高。

[3] 50%硫酸的配制方法：20 mL 浓硫酸缓慢加入到 34 mL 水中。

[4] 50%硫酸可洗去未反应的正丁醇，而正丁醚在其中仅能微溶。

思 考 题

1. 计算理论上应分出的水量。若实验中分出的水量超过理论数值，试分析其原因。
2. 如何得知反应已经比较完全？

实验 18　苯甲酸的制备

一、目的要求

(1) 掌握由甲苯氧化制备苯甲酸的原理和方法。

(2) 掌握加热回流和抽气过滤的操作。

二、器材

玻璃磨口仪器等　显微熔点仪　刚果红试纸　循环水泵

三、药品

甲苯　高锰酸钾　浓盐酸　三乙基苄基氯化铵

四、反应原理

苯甲酸可由甲苯氧化或格氏试剂与二氧化碳反应等方法制得，本实验采用甲苯氧化法。甲苯经高锰酸钾氧化、酸化后，得到产物苯甲酸。反应式如下：

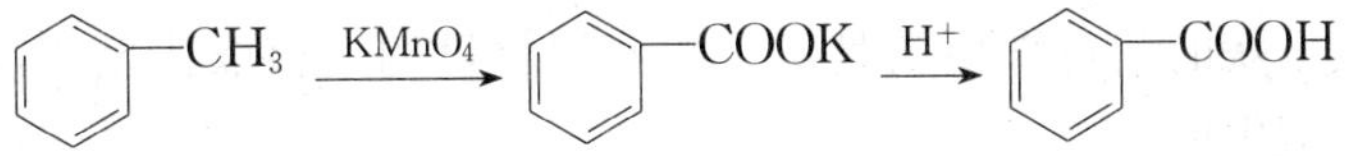

$$C_6H_5-CH_3 \xrightarrow{KMnO_4} C_6H_5-COOK \xrightarrow{H^+} C_6H_5-COOH$$

五、实验步骤

在 250 mL 圆底烧瓶中放入 2.7 mL(约 0.025 mol)甲苯、三乙基苄基氯化铵 0.6 g 和 40 mL 的水，加入搅拌磁子，瓶口装上回流冷凝管，加热搅拌至沸。从冷凝管上口分批加入总量为 3 g 的高锰酸钾[1]，每次加入高锰酸钾后应待反应平缓再加入下一批，最后用少量水(40 mL)将黏附在冷凝管内壁上的高锰酸钾冲入瓶内，继续回流直到甲苯层几乎近于消失、回流液不再出现油珠(需 2～2.5 h)。

将反应混合物趁热过滤(滤液如果呈紫色，可加入少量亚硫酸氢钠使紫色褪去，重新过滤)，并用少量热水洗涤滤渣。滤液在冰水浴中冷却后用浓盐酸酸化至刚果红试纸变蓝(pH=2)，放置待晶体析出，抽滤，沉淀用少量冷水洗涤，抽滤、压干，得粗产品，烘干称重，计算产率。若需要得到纯产品，可在水中进行重结晶[2]。

纯苯甲酸为无色针状晶体，熔点 122.4 ℃。

注释：

[1] 每次加料不宜太多，否则反应将异常剧烈。

[2] 苯甲酸在 100 g 水中的溶解度为：4 ℃，0.18 g；18 ℃，0.27 g；75 ℃，2.2 g。

思考题

1. 在氧化反应中，影响苯甲酸产量的主要因素是哪些？加入三乙基苄基氯化铵的作用是什么？

2. 反应完毕后，如果滤液呈紫色，为什么要加亚硫酸氢钠？

3. 精制苯甲酸还有什么方法？

实验 19 正溴丁烷的合成

一、目的要求

(1) 学习以溴化钠、浓硫酸和正丁醇制备正溴丁烷的原理和方法。

(2) 掌握带有吸收有害气体装置的回流加热操作、蒸馏操作及分液漏斗的使用。

二、器材

玻璃磨口仪器等 阿贝折射仪

三、药品

正丁醇 溴化钠 浓硫酸 无水氯化钙 20% NaOH 溶液 10%碳酸氢钠溶液

四、反应原理

卤代烃是一类重要的有机合成中间体和重要的有机溶剂。合成卤代烃通常采用醇和氢卤酸、氯化亚砜、卤化磷等进行取代反应，或烯烃与卤化氢、卤素的加成反应等。

本实验中正溴丁烷的制备采用的是正丁醇和溴化氢的亲核取代反应，反应中溴化氢由溴化钠和浓硫酸反应生成。

主反应：

$$NaBr + H_2SO_4 \longrightarrow HBr + NaHSO_4$$

$$CH_3CH_2CH_2CH_2OH + HBr \xrightleftharpoons{H_2SO_4} CH_3CH_2CH_2CH_2Br + H_2O$$

可能的副反应：

$$CH_3CH_2CH_2CH_2OH \xrightarrow[\triangle]{H^+} CH_3CH_2CH{=}CH_2 + H_2O$$

$$2CH_3CH_2CH_2CH_2OH \xrightarrow[\triangle]{H^+} CH_3CH_2CH_2CH_2OCH_2CH_2CH_2CH_3 + H_2O$$

$$2HBr + H_2SO_4 \longrightarrow Br_2 + SO_2\uparrow + 2H_2O$$

醇羟基的卤代是可逆反应，为使反应平衡向右移动，在本实验中采取了增加溴化钠的用量和加入过量的硫酸的方法。

五、实验步骤

在 250 mL 三口瓶中，放入 12.3 mL(0.136 mol)正丁醇，16.5 g 研细的溴化钠[1]和搅拌磁子，在三口瓶中间口上装一回流冷凝管，在冷凝管上口加装一气体吸收装置，气体吸收装置的小漏斗倒置在盛有 20 mL 20% NaOH 水溶液的烧杯中，其边缘应接近水面但不能全部浸入水面以下。在另一口上装一恒压滴液漏斗(预先加入 30 mL 12 mol/L 的硫酸溶液)，剩下的烧瓶口用玻璃塞塞上。在搅拌下慢慢滴加硫酸溶液。然后加热至沸腾，保持回流 30 min。反应结束，待反应物冷却约 5 min 后，取下回流冷凝管，向烧瓶中补加 2～3 粒沸石，改成蒸馏装置进行蒸馏[2]，直至无油滴蒸出为止[3]。

将馏出物倒入分液漏斗中，静置使之分层，将油层从分液漏斗下口放入一干燥的小锥形瓶中，然后将约 8 mL 的浓硫酸分多次加入瓶中，每加一次，都需充分振荡锥形瓶。如果混合物过热，可用冰水浴冷却。将混合物慢慢地倒入分液漏斗中，静置分层，放出下层的浓硫酸。

油层依次用 20 mL 水、20 mL 10%碳酸氢钠溶液和 20 mL 水洗涤。将下层的粗产物放入一干燥的小锥形瓶中，加入块状无水氯化钙，塞紧，干燥至透明或过夜。

将干燥后的粗产品滤至干燥的蒸馏烧瓶中，投入沸石，加热蒸馏，收集 99～102 ℃馏分。

纯正溴丁烷为无色透明液体，沸点为 101.6 ℃，折射率 n_D^{20} 1.440 1。

注释：

[1] 本实验如用含结晶水的溴化钠，可按物质的量换算，并相应减少加入的水量。

[2] 制备反应结束后的馏出液分为两层，通常下层为正溴丁烷粗品（油层），上层为水。但若未反应的正丁醇较多或蒸馏过久，可能蒸出部分氢溴酸恒沸液，这时由于密度的变化，油层可能悬浮或变化为上层。如遇此现象，可加清水稀释，使油层下沉。

[3] 判断无油滴蒸出可用如下方法：用盛清水的试管收集馏出液，看有无油滴悬浮。

思 考 题

1. 本实验有哪些副反应？应如何减少副反应的发生？
2. 加热回流时，反应物呈红棕色，是什么原因？
3. 为什么制得的粗正溴丁烷需用冷的浓硫酸洗涤？
4. 最后用碳酸氢钠溶液和水洗涤的目的是什么？

实验 20　无水乙醇的制备

一、目的要求

(1) 掌握制备无水乙醇的原理和方法。

(2) 学习回流、蒸馏操作，了解无水操作的要求。

二、器材

玻璃磨口仪器等　阿贝折射仪

三、药品

工业酒精　氧化钙　无水氯化钙

四、反应原理

纯净的无水乙醇沸点是 78.5 ℃，它不能直接用蒸馏法制得。因为 95.5%的乙醇和 4.5%的水可组成共沸混合物。若要得到无水乙醇，在实验室中可以采用化学方法。例如，加入氧化钙加热回流，使乙醇中的水与氧化钙作用生成不挥发的氢氧化钙来除去水分。

$$CaO + H_2O \longrightarrow Ca(OH)_2 \downarrow$$

用此法制得的无水乙醇，其纯度可达 99%～99.5%，这是实验室制备无水乙醇最常用的方法。

用氧化钙处理后的乙醇，如果再进一步用金属镁去掉最后微量水分，乙醇含量可达 99.95%～99.99%。

五、实验步骤

取一 250 mL 干燥的圆底烧瓶[1]，放入 95%乙醇 100 mL 和搅拌磁子，慢慢加入 25 g 砸成碎块的氧化钙，装上回流装置，其上端接一氯化钙干燥管[2]，在沸水浴上加热回流 1 h[3]，直到氧化钙变成糊状，停止加热，稍冷后取下回流冷凝管，改成常压蒸馏装置[4]，在接液管支管处接一氯化钙干燥管，使与大气相通。蒸去前馏分(约 5 mL)后，换用干燥的锥形瓶做接收容器，加热蒸馏至几乎无液滴流出为止。测量无水乙醇的体积，计算回收率，并测定其折射率。

无水乙醇的沸点为 78.5 ℃，密度为 0.789 3，折射率 n_D^{20} 为 1.361 1。

注释：

[1] 实验中所用仪器均需彻底干燥。

[2] 由于无水乙醇具有很强的吸水性，故操作过程中和存放时必须防止水分侵入。冷凝管顶端及接收器上的氯化钙干燥管就是为了防止空气中的水分进入反应瓶中。干燥管的装法：在球端铺以少量棉花，在球部及直管部分分别加入粒状氯化钙，顶端用棉花塞住。

[3] 回流时沸腾不宜过分猛烈，以防液体进入冷凝管的上部，如果遇到上述现象，可适当调节温度，始终保持冷凝器中有连续液滴即可。

[4] 一般用干燥剂干燥有机溶剂时，在蒸馏前应先过滤除去。但氧化钙与乙醇中的水反应生成氢氧化钙，因加热时不分解，故可留在瓶中一起蒸馏。

思 考 题

1. 你认为制备无水乙醇的关键是什么?
2. 本实验为何用氧化钙而不用氯化钙作无水乙醇的脱水剂?

实验 21　苯乙酮的合成

一、目的要求

(1) 了解 Friedel-Crafts 反应(傅-克反应)的原理及过程。

(2) 学习无水操作及搅拌装置、蒸馏的基本操作。

二、器材

玻璃磨口仪器等　Abbe 折射仪

三、药品

无水苯　无水三氯化铝　醋酸酐　浓盐酸　无水氯化钙　氢氧化钠溶液　10%碳酸钠溶液

四、反应原理

在无水三氯化铝的存在下,芳烃与酰氯或酸酐作用,芳烃上的氢原子被酰基取代,生成芳酮的反应称为傅-克酰基化反应。反应式为:

$$C_6H_6 + (CH_3CO)_2O \xrightarrow{\text{无水 } AlCl_3} C_6H_5-\overset{\overset{\displaystyle O}{\|}}{C}-CH_3 + CH_3COOH$$

五、实验步骤

在 250 mL 三口瓶[1]中,分别装置搅拌器、恒压滴液漏斗及冷凝管。在冷凝管上端装一氯化钙干燥管,后者再接一氯化氢气体吸收装置(烧杯中加入 20 mL 20%NaOH 溶液)。迅速称取 20 g 经研碎的无水三氯化铝[2],放入三口瓶中,再加入 20 mL 无水苯,在搅拌下滴入 6 mL 醋酸酐(约 0.063 mol)与 10 mL 无水苯的混合液(约 20 min 滴完)。加完后,在电热套上加热 0.5 h,至无氯化氢气体逸出为止。然后将三口瓶浸入冷水浴中,在搅拌下慢慢滴入 50 mL 浓盐酸与 50 mL 水的混合液。当瓶内固体物完全溶解后,分出苯层。水层每次用 15 mL 苯萃取两次。合并苯层,依次用 5%氢氧化钠溶液、水各 20 mL 洗涤,苯层用无水硫酸镁干燥。

将干燥后的粗产物先在电热套上蒸出苯[3]。当温度升至 140 ℃时,停止加热,稍冷后换用空气冷凝管,收集 198～202 ℃的馏分。

纯苯乙酮为无色透明液体,熔点为 20.5 ℃,沸点为 202.0 ℃,折射率 n_D^{20} 为 1.537 2。

注释:

[1] 仪器必须充分干燥,否则影响反应顺利进行。装置中凡是和空气相接触的地方,应装置干燥管。

[2] 无水三氯化铝的质量是实验成功的关键之一。研细、称量、投料都要迅速,避免长时间暴露在空气中,为此,可在带塞的锥形瓶中称量。

[3] 由于最终产物不多,宜选用较小的蒸馏瓶,苯溶液可用分液漏斗分数次加入蒸馏瓶中。

思 考 题

1. 为什么要用过量的苯和无水三氯化铝?
2. 在氯化氢吸收装置中,氯化氢的出口是否可以远离水面或者浸入水中?

实验 22　二苯羟乙酮的合成（安息香缩合反应）

一、实验目的

（1）学习安息香缩合反应的原理和应用维生素 B_1 为催化剂合成安息香的实验方法。

（2）巩固重结晶的操作方法。

二、器材

标准磨口玻璃仪器等　显微熔点测定仪　循环水泵

三、药品

苯甲醛（新蒸）　维生素 B_1（盐酸硫胺素）　95％乙醇　10％氢氧化钠溶液

四、反应原理

苯甲醛在氰化钠（钾）催化下于乙醇中加热回流，两分子苯甲醛之间发生缩合反应生成二苯羟乙酮（也称安息香）。有机化学中将芳香醛进行的这一类反应都称为安息香缩合。其反应机理类似于羟醛缩合反应，也是碳负离子对羰基的亲核加成反应。

由于氰化物剧毒，使用不当会有危险，本实验用维生素 B_1 代替氰化物催化安息香缩合，反应条件温和，无毒，产率较高。其反应式如下：

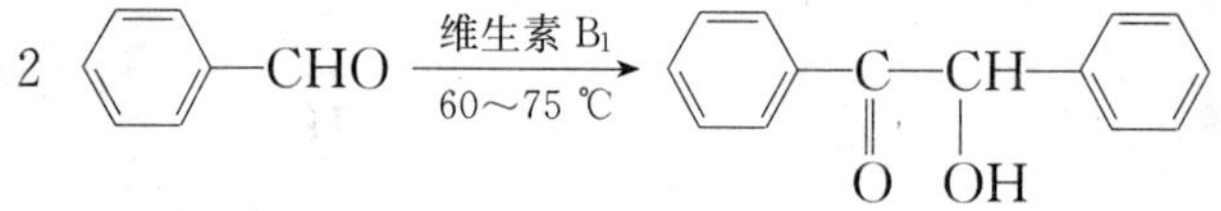

$$2\,C_6H_5CHO \xrightarrow[60\sim75\ ^\circ C]{\text{维生素 } B_1} C_6H_5-\underset{\underset{O}{\|}}{C}-\underset{\underset{OH}{|}}{CH}-C_6H_5$$

维生素 B_1 又称硫胺素，是一种生物辅酶，它在生化过程中主要对 α-酮酸的脱羧和生成偶姻（α-羟基酮）等三种酶促反应发挥辅酶的作用。维生素 B_1 分子中右边噻唑环上的氮原子和硫原子之间的氢有较大的酸性，在碱作用下易被除去形成碳负离子，从而催化安息香的形成。

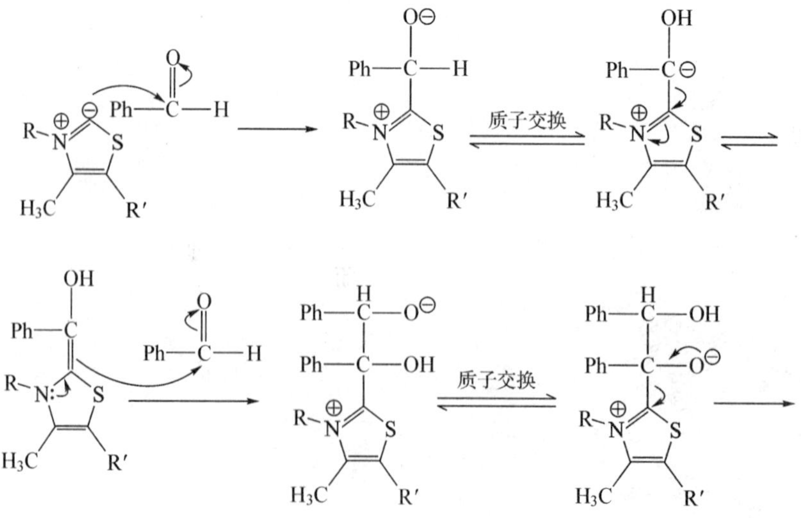

质子交换

质子交换

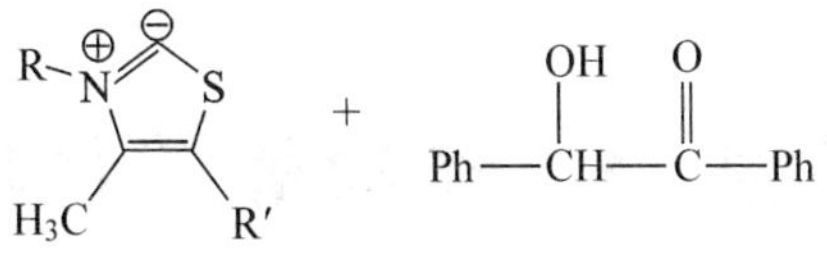

近年来有人利用微波辐射促进安息香缩合反应,大大缩短了反应时间,提高了反应产率。

五、实验步骤

在 100 mL 圆底烧瓶中,加入 1.8 g 维生素 B_1[1]、5 mL 蒸馏水和 15 mL(0.26 mol)95%乙醇,将烧瓶置于冰浴中冷却。同时在一支试管中加入 5 mL 10%氢氧化钠溶液并置于冰浴中冷却[2]。然后在冰浴冷却下,将氢氧化钠溶液在 10 min 内滴加到硫胺素溶液中,并不断振摇,调节溶液 pH 为 9～10,此时溶液呈黄色。去掉冰水浴,加入 10 mL (0.1 mol)新蒸的苯甲醛[3]和搅拌磁子,装上回流冷凝管,将混合物置于水浴上温热搅拌 1.5 h。水浴温度保持在 60～75 ℃,切勿将混合物加热至剧烈沸腾,此时反应混合物呈橘黄或橘红色均相溶液。将反应混合物冷至室温,析出浅黄色结晶。将烧瓶置于冰浴中冷却使结晶完全。若产物呈油状物析出,应重新加热使成均相,再慢慢冷却重新结晶。必要时可用玻璃棒摩擦瓶壁或投入晶种。抽滤,用 50 mL 冷水分两次洗涤结晶。粗产物用 95%乙醇重结晶[4]。若产物呈黄色,可加入少量活性炭脱色。

纯安息香为白色针状结晶,熔点为 137 ℃。

注释:

[1] 维生素 B_1 的质量对本实验影响很大,应使用新开瓶或原密封、保管良好的维生素 B_1,用不完的应尽快密封保存在阴凉处。

[2] 维生素 B_1 溶液和 NaOH 溶液在反应前要用冰水充分冷透,否则维生素 B_1 的噻唑环在碱性条件下易开环失效,导致实验失败。

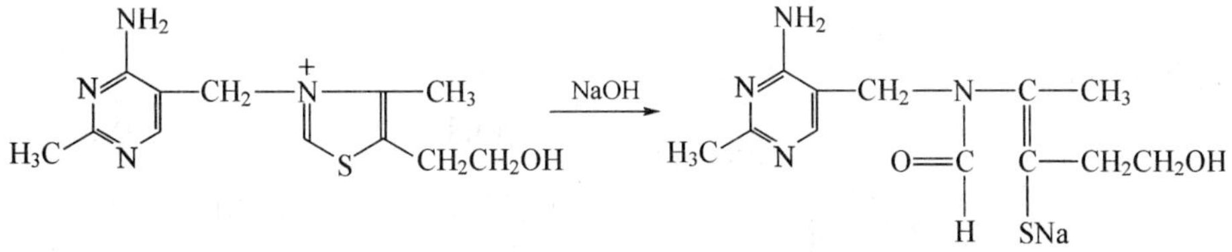

[3] 苯甲醛中不能含有苯甲酸,用前最好用 5%碳酸氢钠溶液洗涤,而后减压蒸馏,并避光保存。

[4] 安息香在沸腾的 95%乙醇中的溶解度为 12～14 g/100 mL。

思 考 题

1. 实验为什么要使用新蒸馏出的苯甲醛?为什么加入苯甲醛后,反应混合物的 pH 要保持在 9～10?溶液的 pH 过低或过高有什么不好?

2. 本实验中在加入苯甲醛之前为什么需在冰水浴中冷却?

3. 安息香缩合与羟醛缩合、歧化反应有何不同?

实验 23　扑炎痛的合成

一、目的要求

(1) 通过乙酰水杨酰氯的制备,了解氯化试剂的选择及操作中的注意事项。

(2) 通过本实验熟悉酯化反应的方法。

(3) 通过本实验掌握重结晶纯化操作和有害气体的吸收方法。

二、器材

玻璃磨口仪器等　显微熔点仪

三、药品

吡啶　阿司匹林　氯化亚砜　无水氯化钙　扑热息痛　氢氧化钠　乙醇　丙酮

四、反应原理

扑炎痛(Benorilate)为一种新型解热镇痛抗炎药,是由阿司匹林和扑热息痛经拼合原理制成,它既保留了原药的解热镇痛功能,又减小了原药的毒副作用,并有协同作用,适用于急、慢性风湿性关节炎、风湿痛、感冒发烧、头痛及神经痛等。扑炎痛化学名为 2 -(乙酰氧基)苯甲酸- 4′-(乙酰氨基)苯酯,化学结构式为:

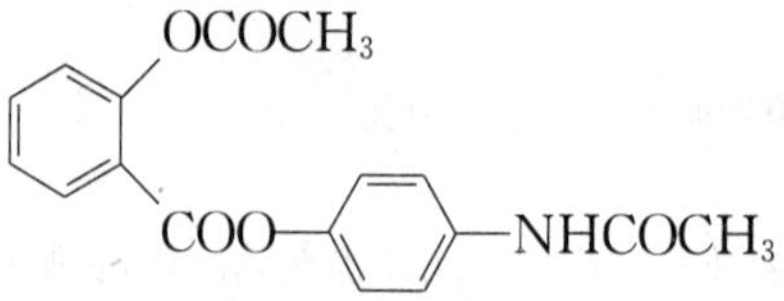

$OCOCH_3$

COO—C_6H_4—$NHCOCH_3$

扑炎痛为白色结晶性粉末,无臭无味。熔点为 174～178 ℃,不溶于水,微溶于乙醇,溶于氯仿、丙酮。

合成路线如下:

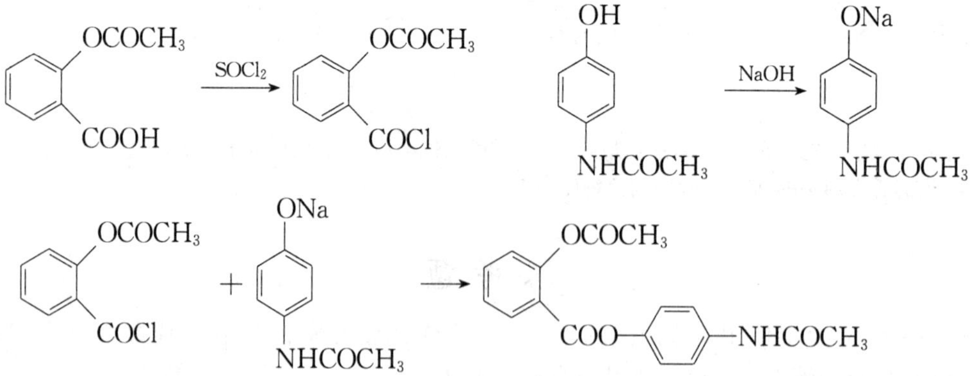

$$o\text{-}CH_3COOC_6H_4COOH \xrightarrow{SOCl_2} o\text{-}CH_3COOC_6H_4COCl$$

$$p\text{-}HOC_6H_4NHCOCH_3 \xrightarrow{NaOH} p\text{-}NaOC_6H_4NHCOCH_3$$

$$o\text{-}CH_3COOC_6H_4COCl + p\text{-}NaOC_6H_4NHCOCH_3 \longrightarrow o\text{-}CH_3COOC_6H_4COO\text{—}C_6H_4\text{—}NHCOCH_3$$

五、实验步骤

1. 乙酰水杨酰氯的制备

在干燥的 100 mL 圆底烧瓶中,依次加入吡啶 2 滴、阿司匹林 10 g,氯化亚砜[1] 5.5 mL,迅速装上球形冷凝管(顶端附有氯化钙干燥管,干燥管连有气体吸收装置)。置油浴上慢慢加热至 70 ℃(10～15 min),维持油浴温度在 70 ℃ ± 2 ℃反应 70 min,冷却,加入无水丙酮

10 mL，将反应液倾入干燥的 100 mL 恒压滴液漏斗中，混匀，密闭备用。

2. 扑炎痛的制备[2]

在装有搅拌棒及温度计的 250 mL 三口瓶中，加入扑热息痛 10 g，水 50 mL。冰水浴冷至 10 ℃左右，在搅拌下滴加氢氧化钠溶液（氢氧化钠 3.6 g 加 20 mL 水配成，用滴管滴加）。滴加完毕，在 8～12 ℃之间，在强烈搅拌下，慢慢滴加乙酰水杨酰氯丙酮溶液（在 20 min 左右滴完）。滴加完毕，调至 pH 大于 10，控制温度在 8～12 ℃之间继续搅拌反应 60 min，抽滤，水洗至中性，烘干得粗品，计算收率。

3. 精制

取粗品 5 g 置于装有球形冷凝管的 100 mL 圆底瓶中，加入 50 mL 95%乙醇，在水浴上加热溶解。稍冷，加活性炭脱色（活性炭用量视粗品颜色而定），加热回流 30 min，趁热抽滤（布氏漏斗、抽滤瓶应预热）。将滤液趁热转移至烧杯中，自然冷却，待结晶完全析出后，抽滤，压干；用少量乙醇洗涤两次，压干，干燥，测熔点，计算收率。

4. 扑炎痛的表征

（1）薄层色谱分析

利用薄层色谱技术跟踪反应进程，并对得到的产品进行纯度分析。

（2）高效液相色谱分析

应用高效液相色谱对得到的产品进行定性和定量分析，要求对每个组分进行归属，并采用归一化法计算产品和其他组分的含量。

（3）红外光谱测定

测定并分析产品的红外吸收光谱图。

（4）核磁共振氢谱测试

解析产品的核磁共振氢谱。

注释：

[1] 氯化亚砜是由羧酸制备酰氯最常用的氯化试剂，不仅价格便宜而且沸点低，生成的副产物均为挥发性气体，故所得酰氯产品易于纯化。氯化亚砜遇水可分解为二氧化硫和氯化氢，因此所用仪器均需干燥；加热时不能用水浴。反应用阿司匹林需在 60 ℃干燥 4 h。吡啶作为催化剂，用量不宜过多，否则影响产品的质量。制得的酰氯不应久置。

[2] 扑炎痛制备采用 Schotten－Baumann 方法酯化，即乙酰水杨酰氯与对乙酰氨基酚钠缩合酯化。扑热息痛酚羟基亲核反应性较弱；成盐后酚羟基氧原子电子云密度增高，有利于亲核反应。此外，酚钠成酯，还可避免生成氯化氢，使生成的酯键水解。

思考题

1. 乙酰水杨酰氯的制备，操作上应注意哪些事项？

2. 扑炎痛的制备，为什么采用先制备对乙酰氨基酚钠，再与乙酰水杨酰氯进行酯化，而不直接酯化？

3. 通过本实验说明酯化反应在结构修饰上的意义。

实验 24　苯佐卡因的合成

一、目的要求

(1) 通过苯佐卡因的合成,了解药物合成的基本过程。

(2) 掌握氧化、酯化和还原反应的原理及基本操作。

二、器材

玻璃磨口仪器等　显微熔点仪

三、药品

重铬酸钠　对硝基甲苯　硫酸　无水氯化钙　氢氧化钠　无水乙醇　冰醋酸　铁粉　碳酸钠　氯仿

四、反应原理

苯佐卡因(Benzocaine)为局部麻醉药,外用为撒布剂,用于手术后创伤止痛、溃疡痛、一般性痒等。苯佐卡因化学名为对氨基苯甲酸乙酯,化学结构式为:

$$H_2N-C_6H_4-COOC_2H_5$$

苯佐卡因为白色结晶粉末,味微苦而麻;熔点为 88～90 ℃;易溶于乙醇,极微溶于水。

合成路线如下:

$$O_2N-C_6H_4-CH_3 \xrightarrow[H_2SO_4]{Na_2Cr_2O_7} O_2N-C_6H_4-COOH \xrightarrow[H_2SO_4]{C_2H_5OH} O_2N-C_6H_4-COOC_2H_5 \xrightarrow[H^+]{Fe} H_2N-C_6H_4-COOC_2H_5$$

五、实验步骤

1. 对硝基苯甲酸的制备(氧化)

在装有搅拌棒和球形冷凝管的 250 mL 三口瓶中,加入重铬酸钠(含两个结晶水)23.6 g,水 50 mL,开动搅拌,待重铬酸钠溶解后,加入对硝基甲苯 8 g,用恒压滴液漏斗滴加 32 mL 浓硫酸。滴加完毕,保持反应液微沸 60～90 min(反应中球形冷凝管中可能有白色针状的对硝基甲苯析出,可适当关小冷凝水,使其熔融)。冷却后,将反应液倾入 80 mL 冷水中,抽滤。残渣用 45 mL 水分三次洗涤。将滤渣转移到烧杯中,加入 5%硫酸 35 mL,在沸水浴上加热 10 min,并不时搅拌,冷却后抽滤,滤渣溶于温热(50 ℃左右)的 5%氢氧化钠溶液 70 mL 中,滤液加入活性炭 0.5 g 脱色(5～10 min),趁热抽滤[1]。冷却,在充分搅拌下,将滤液慢慢倒入 15%硫酸 50 mL 中,抽滤,洗涤,干燥得产品,计算产率。

2. 对硝基苯甲酸乙酯的制备(酯化)[2]

在干燥的 100 mL 圆底烧瓶中加入对硝基苯甲酸 6 g,无水乙醇 24 mL,逐滴加入浓硫酸

2 mL，振摇使混合均匀，装上附有氯化钙干燥管的球形冷凝管，油浴加热回流 80 min(油浴温度控制在 100～120 ℃)；稍冷，将反应液倾入到 100 mL 水中[3]，抽滤；滤渣移至研钵中，研细，加入 5%碳酸钠溶液 10 mL(由 0.5 g 碳酸钠和 10 mL 水配成)，研磨 5 min，测 pH(检查反应物是否呈碱性)，抽滤，用少量水洗涤，干燥，计算产率。

3. 对氨基苯甲酸乙酯的制备(还原)

A 法：在装有搅拌棒及球形冷凝管的 250 mL 三口瓶中，加入 35 mL 水，2.5 mL 冰醋酸和已经处理过的铁粉[4] 8.6 g，开动搅拌，加热至 95～98 ℃ 反应 5 min，稍冷，加入对硝基苯甲酸乙酯 6 g 和 95%乙醇 35 mL，在激烈搅拌下，回流反应 90 min。稍冷，在搅拌下，分次加入温热的碳酸钠饱和溶液(由碳酸钠 3 g 和水 30 mL 配成)，搅拌片刻，立即抽滤(布氏漏斗需预热)，滤液冷却后析出结晶，抽滤，产品用稀乙醇洗涤，干燥得粗品。

B 法：在装有搅拌棒及球形冷凝管的 100 mL 三口瓶中，加入水 25 mL，氯化铵 0.7 g，铁粉 4.3 g，加热至微沸，活化 5 min。稍冷，慢慢加入对硝基苯甲酸乙酯 5 g，充分剧烈搅拌，回流反应 90 min。待反应液冷至 40 ℃左右，加入少量碳酸钠饱和溶液调至 pH 为 7～8，加入 30 mL 氯仿，搅拌 3～5 min，抽滤；用 10 mL 氯仿洗三口瓶及滤渣，抽滤，合并滤液，倾入 100 mL 分液漏斗中，静置分层，弃去水层，氯仿层用 5%盐酸 90 mL 分三次萃取，合并萃取液(氯仿回收)，用 40%氢氧化钠调至 pH 为 8，析出结晶，抽滤，得苯佐卡因粗品，计算产率。

4. 精制

将粗品置于装有球形冷凝管的 100 mL 圆底瓶中，每克粗品加入 10～15 mL 50%乙醇，在水浴上加热溶解。稍冷，加活性炭脱色(活性炭用量视粗品颜色而定)，加热回流 20 min，趁热抽滤(布氏漏斗、抽滤瓶应预热)。将滤液趁热转移至烧杯中，自然冷却，待结晶完全析出后，抽滤，用少量 50%乙醇洗涤两次，压干，干燥，测熔点，计算产率。

5. 苯佐卡因的表征

(1) 薄层色谱分析

利用薄层色谱技术跟踪反应进程，并对得到的产品进行纯度分析。

(2) 高效液相色谱分析

应用高效液相色谱对得到的产品进行定性和定量分析，要求对每个组分进行归属，并采用归一化法计算产品和其他组分的含量。

(3) 红外光谱测定

测定并分析产品的红外吸收光谱图。

(4) 核磁共振氢谱测试

解析产品的核磁共振氢谱。

注释：

[1] 氧化反应一步在用 5%氢氧化钠处理滤渣时，温度应保持在 50 ℃左右，若温度过低，对硝基苯甲酸钠会析出而被滤去。

[2] 酯化反应需在无水条件下进行，如有水进入反应系统中，收率将降低。无水操作的要点是：原料干燥无水；所用仪器、量具干燥无水；反应期间避免水进入反应瓶。

[3] 对硝基苯甲酸乙酯及少量未反应的对硝基苯甲酸均溶于乙醇，但均不溶于水。反应完毕，将反应液倾入水中，乙醇的浓度降低，对硝基苯甲酸乙酯及对硝基苯甲酸便会析出。这种分离产物的方法称为稀释法。

[4] 还原反应中，因铁粉比重大，沉于瓶底，必须将其搅拌起来，才能使反应顺利进行，故充分激烈搅拌

是铁酸还原反应的重要因素。A 法中所用的铁粉需预处理，方法为：称取铁粉 10 g 置于烧杯中，加入 2%盐酸 25 mL，在石棉网上加热至微沸，抽滤，水洗至 pH 5～6，烘干，备用。

思 考 题

1. 氧化反应完毕，将对硝基苯甲酸从混合物中分离出来的原理是什么？
2. 酯化反应为什么需要无水操作？
3. 铁-酸还原反应的机理是什么？

Experiment 25 Determination of Melting Point

Experimental principle:

The melting point (abbreviated mp) of a pure solid compound is one of its characteristic physical properties. The melting point is the temperature at which the material changes from a solid to a liquid state. During the melting process, all of the energy added to a substance is consumed as heat of fusion, and the temperature remains constant. In all micro methods the melting point is actually determined as a melting range, encompassed by the temperature at which the sample is first observed to begin to melt and the temperature at which the solid has completely melted. A pure crystalline substance will melt reproducibly over a narrow range of temperatures, typically less than 0.5~1 °C. Impurities will lower the melting point and cause a broadening of the range.

Generally, melting points are determined for three reasons: (1) If the compound is a known one, the melting point will help to characterize the sample. (2) The range of the melting point is indicative of the purity of the compound. An impure compound will melt over a wide range of temperatures. (3) If the compound is new, then the melting point is recorded to allow future characterization by others.

A technique known as a "mixed melting point" may be used as additional evidence in identifying a given compound. First, a melting point is taken of the unknown and a tentative identification is made using literature data. Then the unknown sample is mixed with some authentic sample of the suspected compound with different ratios and the melting point is taken of the mixture. If the mixture shows no depression in the melting point, the two compounds almost certainly were the same and the identification of the unknown is confirmed. If the mixture shows a depression of melting point, the two compounds were not identical (The notable exception is a eutectic mixture, which exhibits a lower melting point with a sharp range).

Melting-point apparatus:

A simple type of melting-point apparatus is the Thiele tube, shown in Figure 26-1(a). This tube is shaped such that the heat applied to a heating liquid in the sidearm by a burner is distributed evenly to all parts of the vessel by convection currents, so stirring is not required. Temperature control is accomplished by adjusting the flame produced by the microburner.

Proper use of the Thiele tube is required to obtain reliable melting points. Secure the capillary tube to the thermometer at the position indicated in Figure 26-1(b) using either a rubber band or a small segment of rubber tubing. Be sure that the band holding the capillary tube on the thermometer is as close to the top of the tube as possible. Then support the thermometer and the attached capillary tube containing the sample in the apparatus with a rubber stopper cork and immerse them into the oil bath. The thermometer and capillary tube must not contact the glass of the Thiele tube. Since the oil will expand on heating, make sure that the height of the heating fluid is approximately at the level indicated in Figure 26-1(a) and that the rubber band is in the position indicated. Otherwise, the hot oil will come in contact with the rubber, causing the band to expand and loosen; the sample tube may then fall into the oil. Heat the Thiele tube at the rate of 1～2 ℃/min in order to determine the melting point.

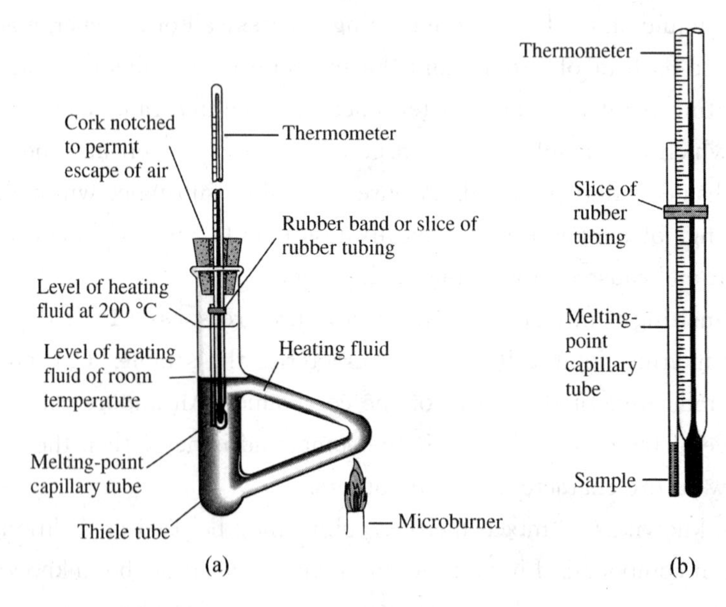

Figure 26-1

(a) Thiele melting-point apparatus;

(b) Arrangement of sample and thermometer for determining melting point

The Thiele tube has been replaced in modern laboratories by various electric melting-point devices, which are much more convenient to use (Please read these operating instructions carefully before use).

Procedure for determination of capillary-tube melting points:

Place a small amount of the dry powdered sample on a clean watch glass and press the open end of the capillary-tube into the solid to force a small amount of solid (about 2～3 mm in height) into the tube. Then take a piece of 6～8 mm tubing about 60 cm long, hold it vertically on a hard surface such as the bench top, and drop the capillary tube down the larger tubing several times with the sealed end down. This packs the solid sample at the closed end of the capillary tube.

Attach the capillary to a thermometer by means of a small rubber band (conveniently obtained as a slice of ordinary rubber tubing). The sample itself should be directly adjacent to the bulb of the thermometer. The rubber band should be positioned such that even at 200 ℃ it will remain above the level of the heating vessel, and support it by means of a bored cork cut away on one side so as to make visible the thermometer markings in that vicinity. This cut also serves the purpose of making the apparatus an open system (never heat a closed system). By applying heat from a burner, raise the temperature of the heating fluid slowly (about 2 ℃ per minute). Note the temperature at which melting is first observed and the temperature at which the last of the solid melts, and record these as the melting range of the solid.

In the preparation of a sample for mixture-melting point determination, it is important that the two components should be thoroughly and evenly mixed. This is best accomplished by grinding them together by means of a small mortar and pestle.

Experiments:

1. Determination of capillary-tube melting point range of known compounds

Perform a melting-point determination for pure benzoic acid and impure benzoic acid. Repeat as necessary until you are able to complete these measurements, confidently and accurately.

2. Determination of capillary-tube melting point range of unknown compounds

Accurately determine the melting range of an unknown sample supplied by your instructor. It is advisable to determine the approximate melting point by rapid heating before obtaining an accurate melting range.

Notes:

1. The observed melting point depends on a number of factors: sample size, state of subdivision of the sample, and heating rate, as well as purity and identity of the sample. The first three cause the observed melting point to differ from the actual melting point because of the time lag in heat transfer from heating fluid to sample and conduction within the sample. Furthermore, if heating is too fast, the thermometer reading will lag behind the actual temperature of the heating fluid.

2. The bath can be heated fairly rapidly (5 to 6 ℃ per minute) to a temperature about 15 ℃ below the expected melting point.

3. Although in most instances the melting range of a substance may simply and accurately be determined by careful observation so long as the heating rate is slow, unusual melting characteristics are occasionally observed. Most organic compounds undergo a change in crystal structure just before melting, usually as a consequence of the release of solvent of crystallization. The sample takes on a softer, perhaps wet appearance, which may also be accompanied by shrinkage of the sample in the tube. Observance of these types of changes in the sample should not be interpreted as the beginning of the melting process; wait for the first tiny drop of liquid to appear.

4. Some compounds decompose on melting. When this happens, discoloration of the sample is usually evident. The decomposition products constitute impurities in the sample, and the melting point is actually lowered as a result of such decomposition. When this behavior is observed, the melting point should be reported in such a way as to denote its occurrence, for example, 183°C (dec).

5. If the compound is appreciably volatile, determination of the melting point may be accompanied by sublimation, in which the solid vaporizes and disappears before it melts. With a capillary tube, sublimation can be prevented by sealing the top end of tube after filling. It may be possible to observe the melting point by

using a larger-than-normal sample and placing it on the block at a temperature not too far below the expected melting point.

Exercises

1. Indicate which of the following statements is true (T) and which false (F) by putting a check mark in the appropriate space.

(1) An impurity raises the melting point of an organic compound.

(2) A eutectic mixture has a sharp melting point, just as does a pure compound.

(3) If the rate of heating of the oil bath used in melting-point determination is too high, the melting point that results will likely be too low.

(4) The sample should not be packed tightly into a capillary melting-point tube.

(5) A heating bath containing mineral oil should not be used to determine the melting points of solids melting above 200 ℃.

2. What is the approximate rate at which the temperature of the heating bath should be increasing at the time the sample undergoes melting?

3. What is the preferred technique for accurately determining the melting point of an unknown compound in a minimum length of time?

4. How does measuring a mixture melting-point help in determining the possible identity of two solid sample?

5. A student used the Thiele micro melting-point technique to determine the melting point of an unknown and reported it to be 182 ℃. Is this value believable? Explain why or why not.

6. For the following melting points, indicate what might be concluded regarding the purity of the sample:

(1) 120～122 ℃ (2) 147 ℃ (dec)

(3) 46～60 ℃ (4) 162.5～163.5 ℃

Experiment 26 Determination of Boiling Point

Experimental principle:

Boiling point (abbreviated bp) is the temperature at which the vapor pressure of the liquid exactly equals the pressure exerted on it, causing the liquid to "boil" or change to the gas phase. As the observed boiling point is obviously directly dependent on the external pressure, in reporting boiling points it is necessary to state the external pressure, for example, 152 ℃ (752 mmHg).

A pure liquid generally boils at a constant temperature or over a narrow temperature range, provided the total pressure in the system remains constant. Boiling points are useful for identification of liquids and some low-melting solids.

There are several techniques that may be used to determine the boiling point of a liquid, depending upon the amount of material available. When multigram quantities are available, the boiling point is typically determined by reading the thermometer during a simple distillation. However, for smaller amounts of liquid there is sometimes not enough sample to distill, micro boiling-point techniques have been developed.

Experimental procedure:

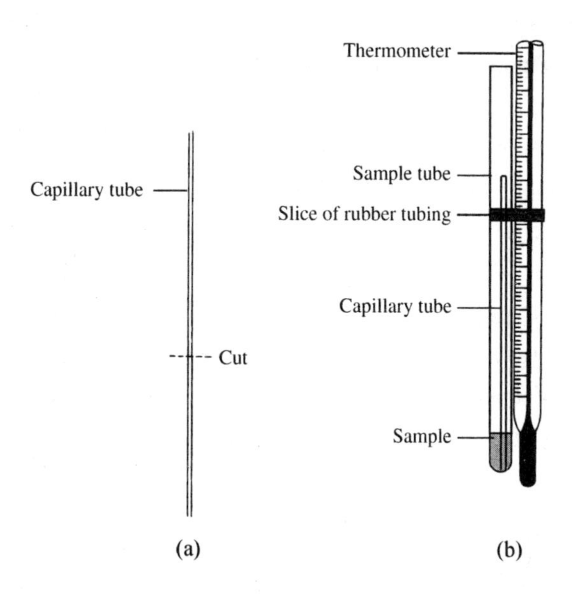

Figure 27-1 Micro boiling-point apparatus

(a) joining capillary tubes and cutting off one end;

(b) assembling micro boiling point apparatus with correct placement of ebullition and sample tubes, and thermometer

A simple micro boiling-point apparatus may be constructed from 1 mm capillary melting-point tubes at the seals. Make a clean cut about 3～4 mm from the joint, as shown in Figure 27-1(a). Seal a piece of 4 mm soft glass tubing at one end and cut it to a length about 1 cm shorter than the prepared capillary ebullition tube.

Attach the 4 mm tube to a thermometer with a rubber ring, with the rubber ring near the top of the tube and the bottom of the tube even with the mercury bulb of the thermometer. Place about five drops of the liquid for which a boiling point is to be determined in the bottom of the tube by means of the capillary pipet. Introduce the capillary ebullition tube as shown in Figure 27-1(b).

Immerse the thermometer and attached tubes in a heating bath (Thiele tube or other melting-point apparatus), taking care that the rubber ring is above the liquid level. Heat the oil bath at the rate of about 5 ℃ per min until a rapid and continuous stream of bubbles comes out of the capillary ebullition tube (A decided change from the slow evolution of bubbles caused by thermal expansion of the trapped air will be seen when the boiling temperature of the liquid is reached). Discontinue heating at this point. As the bath is allowed to cool down slowly, the rate of bubbling will decrease. At the moment the bubbling ceases entirely and the liquid begins to rise into the capillary, note the temperature of the thermometer. This is the boiling point of the liquid sample.

Remove the capillary ebullition tube and expel the liquid from the small end by gentle shaking. Replace it in the sample tube and repeat the determination of the boiling point by heating the oil bath at the rate of 1～2 ℃ per min when you are within 10～15 ℃ of the approximate boiling point as determined in the previous experiment. With a little practice and care the observed boiling points may be reproduced to within 1 or 2 ℃.

Experiments:

Perform a boiling-point determination for absolute ethanol.

Notes:

1. Volatile organic liquids are flammable, so burners should be used carefully in this experiment.

2. Spilled liquids should be carefully absorbed onto a paper towel which is then discarded as directed by your instructor. Do not allow organic liquids to come into contact with your skin. If this happens, wash the affected area thoroughly with warm soap and water.

Exercises

1. Indicate which of the following statements is true (T) and which false (F) by putting a check mark in the appropriate space.

The addition of a nonvolatile solute to a volatile liquid:

(1) Has no effect on the boiling point of the volatile liquid.

(2) Lowers the boiling point of the volatile liquid.

(3) Raises the boiling point of the volatile liquid.

2. The boiling point, as determined in the micro boiling point apparatus, is the tem-

perature at the time:

(1) Bubbles first emerge slowly from the inverted capillary tube.

(2) Bubbles begin to emerge rapidly from the inverted capillary tube.

(3) The liquid begins to re-enter and rise in the inverted capillary tube.

3. What are the bubbles that emerge slowly from the inverted capillary tube before the boiling temperature is reached, and why does this occur?

Experiment 27 Solvent Extraction and Solution Washing

Experimental principle:

Solvent extraction is a technique frequently used in the organic chemistry laboratory to separate or isolate a desired species from a mixture of compounds or from impurities. Substances for extraction usually are solid or liquid and a separatory funnel is used to effect this process. Usually it is performed in the case of impurities in a solution that can be extracted by another immiscible solvent, which has a small solubility to the desired substance. Separatory funnels are also the essential apparatus for solution washing, and the principle is similar to that of solvent extraction.

The extraction principle can be illustrated by the following calculation. It is assumed that the solution is comprised of an organic compound X dissolved in a solvent A. If we will extract X from A, we can choose a solvent B, which has a higher solubility to X than A, and it is immiscible and does not react with B. Place the solution into a separatory funnel, then add B, shake or swirl the funnel and stand the funnel upright until a sharp demarcation line appears between the two layers because of the immiscibility of B with A. The concentration ratio of X in solvent B and A is a constant at a given temperature, and the ratio is also called the distribution coefficient, expressed as K. This relationship is known as the distribution principle, which can be expressed by the following equation:

$$\frac{\text{Concentration of } X \text{ in the solvent } A}{\text{Concentration of } X \text{ in the solvent } B}=K$$

According to the distribution principle, in order to economize solvent and improve extraction efficiency, multiply extractions with small volumes of extracts are more efficient than a single extraction with a large volume, and it can be explain by calculation.

The first Extraction:

Assume:

V=the volume of the solution to be extracted (mL) (The volume of the solution can be regarded as the volume of the solvent A because of the small amount of the solute X);

W_0=the total weight of the solute (X) in the solution to be extracted (g);

S=the volume of the solvent B employed for the first extraction (mL);

W_1=the weight of the solute (X) remained in the solvent A after the first extraction (g);

Then:

W_0-W_1=the weight of the solute (X) extracted in the solvent B after the first exaction (g);

$\frac{W_1}{V}$=the concentration of the solute (X) in the solvent A after the first exaction (g/

mL);

$\frac{W_0-W_1}{S}$=the concentration of the solute (X) in the solvent B after the first exaction (g/mL);

From $\frac{\frac{W_1}{V}}{\frac{(W_0-W_1)}{S}}=K$, we can obtain the result: $W_1=W_0\left(\frac{KV}{KV+S}\right)$.

The Second Extraction:

Assume:

V=the volume of the solution to be extracted (mL);

W_2=the weight of the solute (X) remained in the solvent A after the second extraction (g);

S=the volume of the solvent B used in the second exaction (mL);

Then:

W_1-W_2=the weight of the solute (X) in the solvent B after the second exaction (g);

$\frac{W_2}{V}$=the concentration of the solute (X) in the solvent A after the second exaction (g/mL);

$\frac{W_1-W_2}{S}$=the concentration of the solute (X) in the solvent B after the second exaction (g/mL);

So:

$\frac{\frac{W_2}{V}}{\frac{(W_1-W_2)}{S}}=K$, we will get the result $W_2=W_1\left(\frac{KV}{KV+S}\right)$.

Replace W_1 with $W_0\left(\frac{KV}{KV+S}\right)$ (obtained from the first extraction), the above relationship can be rewritten as:

$$W_2=W_0\left(\frac{KV}{KV+S}\right)^2$$

For more times of extractions, they can be done in the similar way. If we assume the employed volume of the solvent B is S each time, and W_n equals the weight of the solute (X) remained in the solvent A, after multiple (n) extractions, we can obtain W_n from the following equation:

$$W_n=W_0\left(\frac{KV}{KV+S}\right)^n$$

Example:

An aqueous solution containing 4 g of butanoic acid in 100 mL of water is extracted at 15 ℃ with 100 mL benzene. The K value (participation coefficient of butanoic acid between benzene and water) is 1/3. After one extraction with 100 mL of benzene, the remained amount of butanoic acid in water is:

$$W_1=4\times\frac{\frac{1}{3}\times100}{\frac{1}{3}\times100+100}=1.0\ g$$

The extraction efficiency is $\frac{4-1}{4}\times100\%=75\%$.

If the 100 mL benzene is divided into three portions, that is the solution extracted three times at each time with the benzene volume 33.33 mL, the remained amount of butanoic acid in water after the third extraction is:

$$W_3=4\times\left[\frac{\frac{1}{3}\times100}{\frac{1}{3}\times100+33.33}\right]^3=0.5\ g$$

The extraction efficiency should be $\frac{4-0.5}{4}\times100\%=87.5\%$

Based on the above calculations, it is known that the multiple extractions are more efficient than a single extraction with the same volume of extraction solvent.

Procedure:

The extraction experiment of iodine from an aqueous solution by tetrachloromethane is exemplified the operational procedure.

1. Single Extraction

Support a separatory funnel on a ring of suitable diameter, measure 15 mL of iodine water with a graduated cylinder and put it into the separatory funnel. 15 mL of tetrachloromethane is added into the funnel (Be far away from the flame, otherwise it may cause a fire hazard). Insert the stopper, then pick up the funnel in both hands and invert it with the one hand holding the stopcock and the first two fingers of another hand holding the stopper in place(Figure 28-1). Shake or swirl the funnel gently for a few seconds, vent the funnel slowly by opening the stopcock to release any pressure buildup. Close the stopcock and shake the funnel more vigorously, with occasional venting, for 2～3 minutes, so that the two immiscible solvents can contact with each other to increase efficiency.

Replace the funnel on the ring, remove the stopper, and allow the funnel to stand until there is a sharp demarcation line between the two layers. Drain the bottom layer into an Erlenmeyer flask by opening the stopcock fully, turn it to slow the drainage rate as the interface approaches the bottom of the funnel. When the interface just reaches the outlet, quickly close the stopcock to separate the layers cleanly.

Figure 28-1 Correct positions for holding a separatory funnel when shaking

2. Triple Extractions

Measure 15 mL of iodine water with a graduated cylinder and put it into a separatory funnel, then repeat the extraction procedure mentioned above with three 5 mL portions of each instead of one 15 mL portion as previously done.

According to the color of water from the single extraction and the triple extractions, compare their efficiencies.

Notes:

1. There are three kinds of separatory funnels: spherical, subulate and pear forms. In organic experiments, a separatory funnel is mainly applied to:

a. Separate two kinds of liquid which are immiscible and do not react with each other;

b. Extract a certain component from a solution;

c. Wash a liquid product or the solution of a solid product with water, aqueous alkaline or acidic solution;

d. Add dropwise a certain reagent (used as a dripping funnel).

2. Separatory funnels are very expensive and broken easily. Never prop the funnel on its stem, but support it on a ring, a funnel support, or some other stable support.

3. The size of the funnel should be such that the total volume of solution is less than three fourths the total volume of the funnel. If the funnel is constructed with a ground-glass stopcock and/or stopper, the ground-glass surface must be lightly greased to prevent sticking, leaking or freezing. If Teflon stoppers and stopcocks are use, greasing is not necessary since they are self-lubricating.

4. Frequently the volume of extraction solvent and the number of extraction steps are specified in an experimental procedure. If not, it is usually sufficient to use a volume of extraction solvent about equal to the volume of liquid being extracted, divided into at least two portions.

5. For a solid mixture, liquid-solid extraction can be performed with a Soxhlet extractor (Figure 28-2). The solid sample is placed in a porous thimble. The extraction-solvent vapor, generated by refluxing the extraction solvent contained in the distilling pot, passes up through the vertical side tube into the condenser. The liquid condensate then drips onto the solid, which is extracted. The extraction solution passes through the pores of the thimble, eventually filling the center section of the Soxhlet. The siphon tube also fills with

this extraction solution and when the liquid lever reaches the top of the tube, the siphoning action commences and the extract is returned to the distillation pot. The cycle is automatically repeated numerous. In this manner the desired species is concentrated in the distillation pot. Equilibrium is not generally established in the system, and usually the extraction effect is very high. After the liquid-solid extraction, the solution can be treated as usual to obtain the desired product.

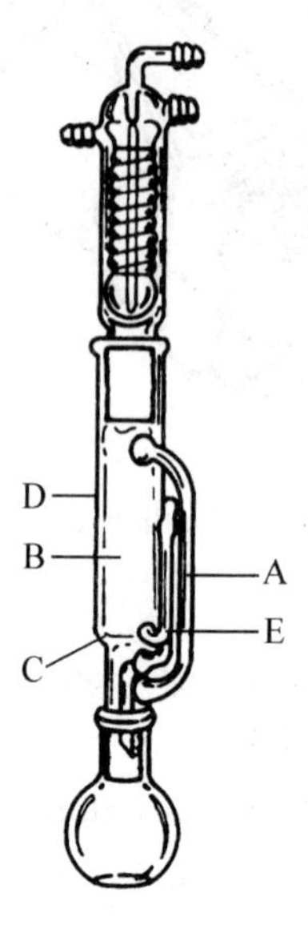

Figure 28-2 Soxhlet extractor

Solve vapors from the flask rise through A and up into the condenser. As they condense the liquid just formed returns to B, where sample to be extracted is placed(Bottom of B is sealed at C). Liquid rises in B to level D, at which time the automatic siphon, E, starts. Extracted material vaporizes to repeat the process.

Exercises

1. What will influence the efficiency of extraction and how should the proper solvent be selected?

2. What is the purpose of using the separatory funnel and what precautions do we need to use?

3. What two kinds of immiscible liquids are in the separatory funnel, which layer does the material of large specific gravity lie in? Where does the lower layer release from? How do you prevent the liquid from flowing too quickly when draining it? How do you deliver the liquid of the higher layer into another container?

Experiment 28 Thin Layer Chromatography

Experimental principle:

The word chromatography was first used to describe the colored bands observed when a solution containing plant pigments is passed through a glass column containing an adsorbent packing material. From that origin, the term now encompasses a variety of separation techniques that are widely used for analytical and preparative purposes.

All methods of chromatography operate on the principle that the components of a mixture will distribute unequally between two immiscible phases, which is also the basis for separations by extraction. The mobile phase is generally a liquid or a gas that flows continuously over the fixed stationary phase, which may be a solid or a liquid. The individual components of the mixture have different affinities for the mobile and stationary phases, so a dynamic equilibrium is established in which each component is selectively, but temporarily, removed from the mobile phase by binding to the stationary phase. When the equilibrium concentration of that substance in the mobile phase decreases, it is released from the stationary phase and the process continues. Since each component partitions between the two phases with a different equilibrium constant or partition coefficient, the components divide into separate regions termed migratory bands. The component that interacts with or binds more strongly to the stationary phase moves more slowly in the direction of the flow of the mobile phase. The attractive forces that are involved in this selective adsorption are the same forces that cause attractive interactions between any two molecules: electrostatic and dipole-dipole interactions, hydrogen bonding, complexation, and van der Waals forces.

The chromatographic methods used by modern chemists to identify and/or purify components of a mixture are characterized by the nature of the mobile and stationary phases. For example, the techniques of thin-layer chromatography (TLC), column chromatography, and high-performance liquid chromatography (HPLC) each involve liquid-solid phase interactions, while gas chromatography (GC) involves distributions between a mobile gas phase and a stationary liquid phase coated on a solid support.

Thin-layer chromatography is one of the most widely used analytical techniques and is an important technique in organic chemistry for rapid analysis of small quantities of samples (the usual sample size is from 1 to 100×10^{-6} g), sometimes as little as 10^{-9} g. Thus, TLC is frequently used to monitor the progress of reactions and of preparative column chromatographic separations as well as to determine the optimal combinations of solvent and adsorbent for such separations.

Thin-layer chromatography involves the same principles as those in column chromatography, and it also is a form of solid-liquid adsorption chromatography. In this case, however, the solid absorbent is spread as a thin layer (approximately 250 μ thick) on a plate of glass or rigid plastic. A drop of the solution to be separated is placed near one edge of the plate, and the plate is placed in a container, called a developing chamber, with enough of the eluting solvent to come to a level just below the "spot". The solvent migrates up the plate, carrying with it the components of the mixture at different rates. The result may then be seen as a series of the spots on the plate, falling on a line perpendicular to the solvent level in the container. The retention factor (R_f) of a component can then be measured as indicated in Figure 29-1.

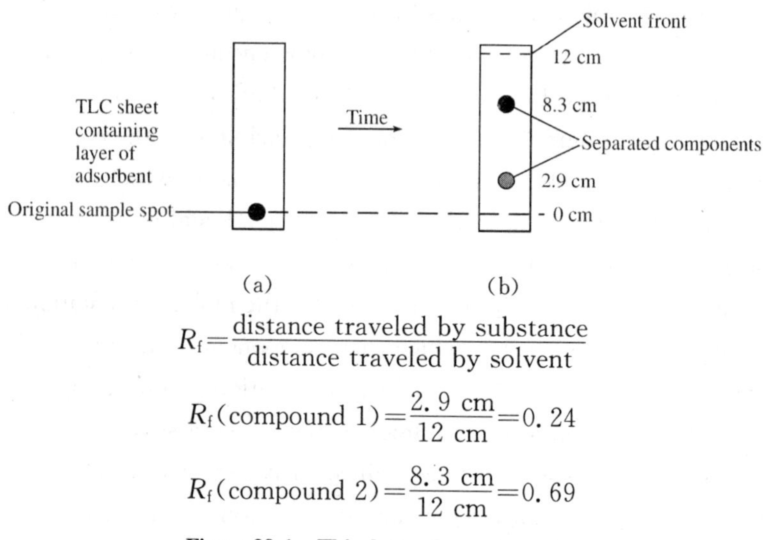

$$R_f = \frac{\text{distance traveled by substance}}{\text{distance traveled by solvent}}$$

$$R_f(\text{compound 1}) = \frac{2.9\ \text{cm}}{12\ \text{cm}} = 0.24$$

$$R_f(\text{compound 2}) = \frac{8.3\ \text{cm}}{12\ \text{cm}} = 0.69$$

Figure 29-1 Thin-layer chromatography

(a) Original plate loaded sample; (b) Developed chromatogram

This chromatographic technique is very easy and rapid to perform. It lends itself well to the routine analysis of mixture composition and may also be used to advantage in determining the best eluting solvent for subsequent column chromatography. However, it should be borne in mind that volatile compounds (boiling point below 100 ℃) cannot be analyzed by TLC.

1. Material of Plates

Thin-layer chromatography uses glass, metal, or plastic coated with a thin layer of absorbent as the stationary phase.

2. Developing and Visualization of Thin-Layer Chromatography

A small amount of the mixture being separated is spotted on the absorbent near one end of the plate. Then the thin-layer plate is placed in a closed chamber, with the applied spot edge immersed in a shallow layer of developing solvent. The solvent rises through the stationary phase by capillary action. Finally the thin-layer plate is picked up from the developing chamber when the solvent front is about 1 cm from the top of the plate. The position of the solvent front is marked immediately with a pencil, before the solvent evaporates. Two methods are available to visualize the spots: (1) the plate can be illuminated by exposure to ultraviolet radiation when it is impregnated with a fluorescent indicator; (2) the other is placing the plate in a jar containing a few iodine crystals. The spots will color with the brown of iodine.

3. Determination of the Retention Factor

The term R_f stands for "ratio to the front" and is expressed as a decimal fraction: R_f= Distance traveled by compound / Distance traveled by developing solvent front. The R_f value for a compound depends on its structure and is physical characteristic of the compound. Whenever a chromatogram is done, the R_f value is calculated for each substance and the experimental conditions recorded. The important data include: (1) absorbent on the thin-layer plate; (2) developing solvent; (3) method used to visualize the compounds and (4) R_f value for each substance.

The measurement is made from the center of a spot to calculate the R_f value for a given compound and measure the distance that compound has traveled from where it was originally spotted and the distance that the solvent front has traveled.

When two samples have identical R_f values, you should not conclude that they are the same compound without doing further analysis. Carrying out additional TLC analyses on the two samples, using different solvents or solvent mixtures, would be a way to check on their identities.

4. Common Solid Absorbents on the Plates for Thin-Layer Chromatography

Two solid absorbents, silica gel ($SiO_2 \cdot xH_2O$) and aluminum oxide (Al_2O_3 also called alumina), are commonly used for thin-layer chromatography. The more polar the compound, the more strongly it will bind to silica gel or aluminum oxide. All solid absorbents used for TLC are prepared from activated, finely ground powder. Activation usually involves heating the powder to remove adsorbed water. Silica gel is acidic, and it separates acidic and neutral compounds. Acidic, basic, or neutral aluminum oxide is adapted to separate non-polar and polar organic compounds.

The plates pre-coated with a layer of adsorbent can be brought commercially. These plates are available in plastic or glass. The longer the distance that the developing solvent moves up the plate, the better will be the separation of the compounds being analyzed. Wider plates can also accommodate many more samples. Large plates with an adsorbent layer 1~2 mm thick are used for preparative TLC in which samples of 50~1 000 mg are separated.

5. Sample Application

The sample must be dissolved in a volatile organic solvent. The best concentration is 1 %~2 %. The solvent needs a high volatility so that it evaporates almost immediately. Acetone, dichloromethane and chloroform are commonly used.

To analyze a solid, one can dissolve 20~40 mg of it in 2 mL of the solvent.

Tiny spots of the sample are carefully applied with a micropipet near one end of the plate. Don't overload the plate with too much sample, as this leads to large tailing spots and poor separation. The micropipet is filled by dipping the constricted end into the solution to be analyzed. Hold the micropipet vertically to the plate and apply the sample by touching the micropipet gently and briefly to the plate about 1 cm from the bottom edge. Mark the edge of the plate with a pencil at the same height as the center of the spot; this mark indicates the starting point of compound for your R_f calculation.

6. Choices of Developing Solvent

When the spot on the thin-layer plate is dry, put the thin-layer plate in a developing chamber. To ensure good chromatographic resolution, the chamber must be saturated with solvent vapors to prevent the evaporation of solvent as it rises up the thin-layer plate. Use enough developing solvent to allow a shallow layer (3～4 mm) to remain on the bottom. If the solvent level is too high, the spots may be below the solvent level and the spots dissolve away into the solvent. The chromatogram will be fail.

Uncap the developing chamber and place the thin-layer plate inside with a pair of tweezers. Recap the chamber, and let the solvent move up the plate. The adsorbent will become visibly moist. When the solvent front is within 0. 5～1 cm of the top of the adsorbent layer, remove the plate from the developing chamber with a pair of tweezers and immediately mark the adsorbent at the solvent front with a pencil. To get accurate R_f values, the final position of the front must be marked before any evaporation occurs.

7. Visualization Techniques

The TLC separations of colored compounds can be seen directly. However, many organic compounds are colorless, so an indirect visualization technique is needed. Commercial thin-layer plates or adsorbents that contain a fluorescent indicator are widely used. A common fluorescent indicator is calcium silicate, activated with lead and manganese. The insoluble inorganic indicator rarely interferes in any way with the chromatographic results and makes visualization straightforward. When the output from a short-wavelengh ultraviolet lamp (254 nm) shines on the plate in a darkened room or dark box, the plate fluoresces visible light.

Another way to visualize colorless organic compounds is by using their absorption of iodine vapor. The thin-layer plate is put in a bath of iodine vapor prepared by placing 0. 5 g of iodine crystals in a capped bottle. Colored spots are gradually produced from the reaction of the separated substances with gaseous iodine. The spots are dark brown on a white to tan background. After 10～15 min, the plate is removed from the bottle.

Visualizing solutions containing reagents that react with the separated substances to form colored compounds can be sprayed on thin-layer plates; alternatively, the thin-layer plates can be dipped in the visualizing solution. Visualization occurs by heating the dipped or sprayed thin-layer plates with a heat gun or on a hot plate. Many of these solutions are specific for certain functional group. Two common visualizing solutions are p-anisaldehyde and phosphomolybdic acid.

8. Summary of TLC Procedure

(1) Obtain a pre-coated thin-layer plate of the proper size for the developing chamber.

(2) Spot the plate with a small amount of a 1 %～2 % solution containing the materials to be separated.

(3) Develop the chromatogram with a suitable solvent.

(4) Mark the solvent front.

(5) Visualize the chromatogram and outline the separated spots.

(6) Calculate the R_f value for each compound.

Experiment:

In this experiment you will use TLC to analysis the ingredients in crude sample of aspirin.

Samples: ethanol solution of pure salicylic acid, pure aspirin and crude aspirin.

Developing solvent: n-hexane : ethyl acetate : acetic acid = 15 : 5 : 1.

Procedure:

1. Obtain from your instructor a strip of silica gel chromatogram sheet (with fluorescent indicator). Make sure that you do not touch the surface of the TLC plate with your fingers during this activity.

2. Take a TLC plate and using a pencil lightly draw a line across the plate about 1 cm from the bottom. Mark three equally spaced points on this line.

3. Use capillary tubes to spot each of your three samples onto the TLC plate. Allow the spots to dry and then repeat three more times. The spots should be about 1～2 mm in diameter.

4. After all the spots are dry, place the TLC plate in the developing tank making sure that the original pencil line is above the level of the developing solvent. Put a lid on the tank and allow to stand until the solvent front has risen to near the top of the plate (about 1 cm from the top).

5. Remove the plate from the tank and quickly mark the position of the solvent front. Allow the plate to dry.

6. Observe the plate under a short wavelength UV lamp and lightly mark with a pencil any spots observed.

7. Determine the R_f of the samples.

Exercises

1. In a TLC experiment why must be the spot not be immersed in the solvent in the developing chamber?

2. Explain why some substances move further up the TLC plate than others.

Experiment 29 Refractive Index of Liquids

Experimental principle:

Refractive index, or index of refraction is a physical property useful for identifying liquids or indicating their purity. Refraction index is very accurate and can be determined to four decimal places.

Refractive index is the ratio of the velocity of light in vacuum to its velocity in a given substance:

$$n=\frac{V_{\text{vacuum}}}{V_{\text{liquid}}}=\frac{\sin\alpha}{\sin\beta}$$

Wherein

n=the refractive index at a specified centigrade temperature and wavelength of light

α=the angle of incidence of the beam of light striking the surface of the liquid

β=the angle if refraction of the beam of light in the medium (see Figure 30-1)

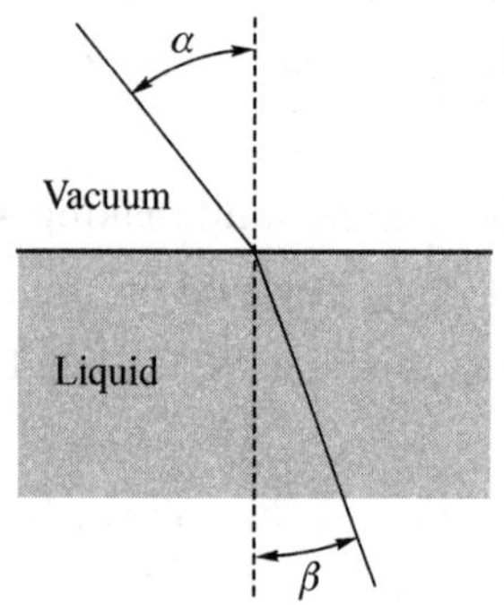

Figure 30-1 The refraction of light

The refractive index for a given medium depends on two variable factors. They are temperature and wavelength. It is usual to report refractive indices measured at 20 ℃, with a sodium discharge lamp as the source of illumination. The sodium lamp gives off yellow light of 589 nm wavelength, the so-called sodium D line. Under these conditions, the refractive index is reported in the following form:

$$n_D^{20}=1.4892$$

Refractive index decreases as temperature increases. We customarily report refractive index indicated at 20 ℃. If the measurement is made at other than 20 ℃ as indicated on the thermometer of the instrument, a temperature correction must be applied to the observed reading. Variations due to charge in temperature are somewhat dependent on the class of compound observed, but are usually somewhere between 3.5×10^{-4} and 5.5×10^{-4} per ℃. Taking the average value of 4.5×10^{-4} serves as a fair approximation for most liquids. The corrected refractive index is given by using the following equation:

$$n_D^{20}=n_D^{t}+4.5\times10^{-4}(t-20)$$

The Abbe Refractometer:

The instrument used to measure the refractive index is called a refractometer. The most common instrument is the Abbe refractometer. A common type of Abbe refractometer is shown in Figure 30-2.

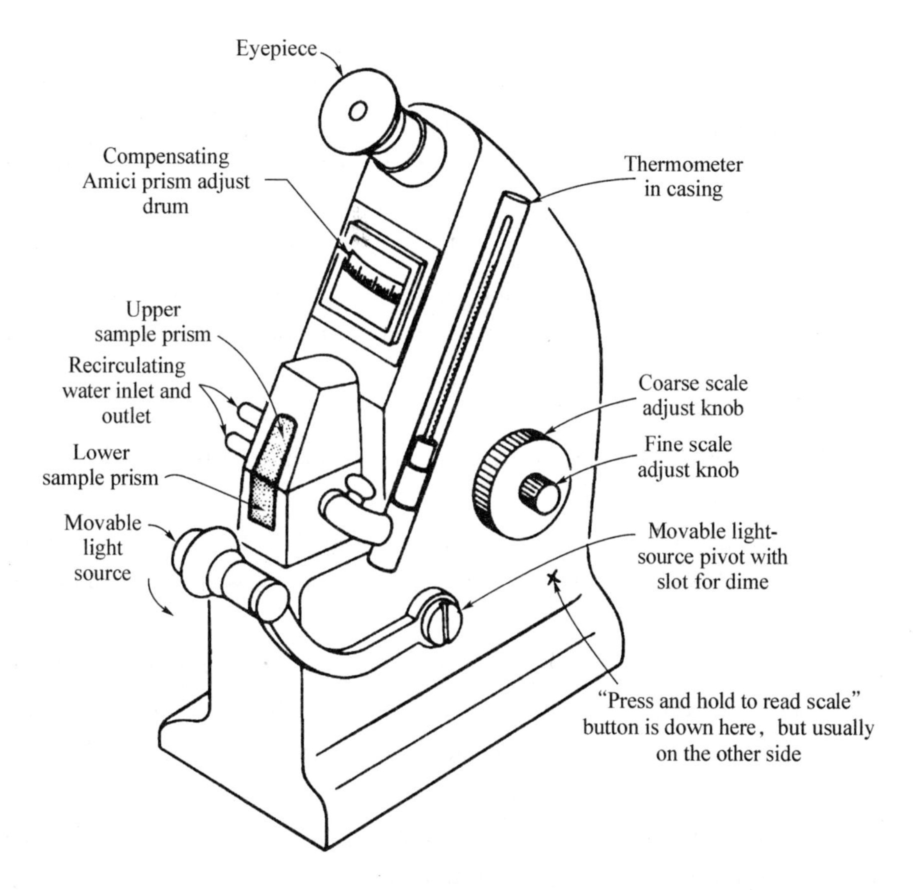

Figure 30-2 Abbe refractometer

It has:

1. An eyepiece. You look in here to make your adjustments and read the refractive index.

2. A compensating prism adjust drum. Since the Abbe refractometer uses white light and not light of one wavelength (the sodium D line), the white light disperses as it goes through the optics, and rainbow like color fringing shows up when you examine your sample. By turning this control, you rotate some Amici compensation prisms that eliminate this effect.

3. Hinged sample prisms. This is where you put your sample.

4. Light source. This provides light for your sample. It's on a movable arm, so you can swing it out of the way when you place your samples on the prisms.

5. Light source swivel-arm pivot and lock. This is a large, slotted nut that works itself loose as you move the light source up and down a few times. Always have a dime handy to help you tighten this locking nut when it gets loose.

6. Scale adjust knob. You use this knob to adjust the optics so that you see a split field in the eyepiece. The refractive index scale also moves when you turn this knob. The knob is often a dual control; use the outer knob for a coarse adjustment and the inner knob for a fine adjustment.

7. Scale/sample field switch. Press the "Press and hold to read scale" switch, and the numbered refractive index scale appears in the eyepiece. Release this switch, and you see your sample in the eyepiece. Some models don't have this type of switch. You have to change your angle of view (shift your head a bit) to see the field with the refractive index reading.

8. Line cord on-off switch. This turns the refractometer light source on and off.

9. Recirculating water inlet and outlet. These are often connected to temperature controlled recirculating water baths. The prisms and your samples in the prisms can all be kept at the temperature of the water.

Steps in Determining a Refractive Index:

1. Begin circulation of water from the constant-temperature bath well in advantage of using the instrument.

2. Check the surface of the prisms for residue from the previous determination. If the prisms need cleaning, place a few drops of alcohol on the surfaces and blot the surfaces with lens paper.

3. Squeeze gently the prism handles and swing open the upper prism. Drop two or three drops of the liquid onto the lower prism without touching its surface. Lower the upper prism and lock it into position. For volatile liquids introduce the sample from an eyedropper into the channel alongside the closed prisms.

4. Turn on the light look into the eyepiece. Move the lamp arm up and rotate the light so it shines through the window into the sample area.

5. Now adjust the light and coarse adjustment knob until the field seen in the eyepieces is illuminated so that the light and dark regions are separated by as sharp a boundary as possible [as shown in Figure 30-3(b)].

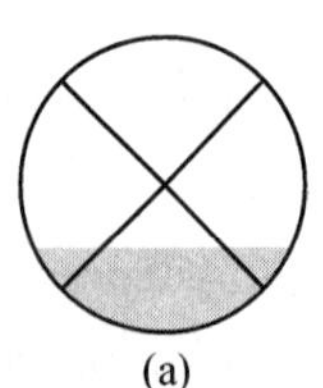
(a)

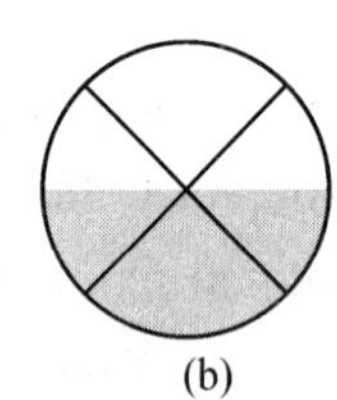
(b)

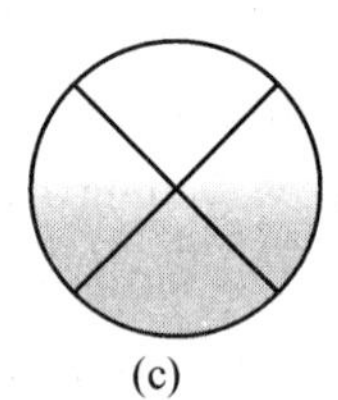
(c)

Figure 30-3 View through the eyepiece when the refractometer adjusted

(a) The view into a refractometer when the index knob is out of adjustment;

(b) The view into a refractometer when properly adjusted;

(c) The view when the chromatic adjustment is incorrect

6. Press the refractive index scale button and read the value that appears on the field. Now move the boundary out from cross hairs and recenter it to get a second reading. Take several replicate readings and report the average value. Record the temperature and the make and the model of the instrument.

7. Taking care not to scratch the surfaces, clean the refractometer prism faces with a soft tissue paper moistened with acetone immediately after use.

Experiment:

Measure the refractive index of ethanol, ethylene glycol, and water.

Notes:

1. Extra special care must be taken not to scratch the surfaces of the prism.

2. If the boundary has colors associated with it and/or appears somewhat diffuse, rotate the compensator drum on the face of the instrument until the boundary becomes noncolored and sharp.

3. When you determine refractive index on toxic substances, work in a hood.

Exercises

1. A compound has a refractive index of 1.396 8 at 17.5 ℃, calculate its refractive at 20.0 ℃.

2. Write a stepwise summary of using an Abbe refractometer.

Experiment 30 Polarimeter

Experimental principle:

Ordinary light can be considered a wave phenomenon with vibrations occurring in an infinite number of planes perpendicular to the direction of propagation. Plane-polarized light, which is generated when ordinary light passes through a polarizer (such as a Nicol prism), is made up of waves which are oriented parallel to a defined plane (see Figure 31-1). When plane-polarized light passes through an optically active substance, molecules of the substance are capable of rotating its plane of polarization. The net rotational angle depends on the number of molecules in the light path, and therefore on the sample size and concentration. The angle of rotation is measured with an instrument called a polarimeter.

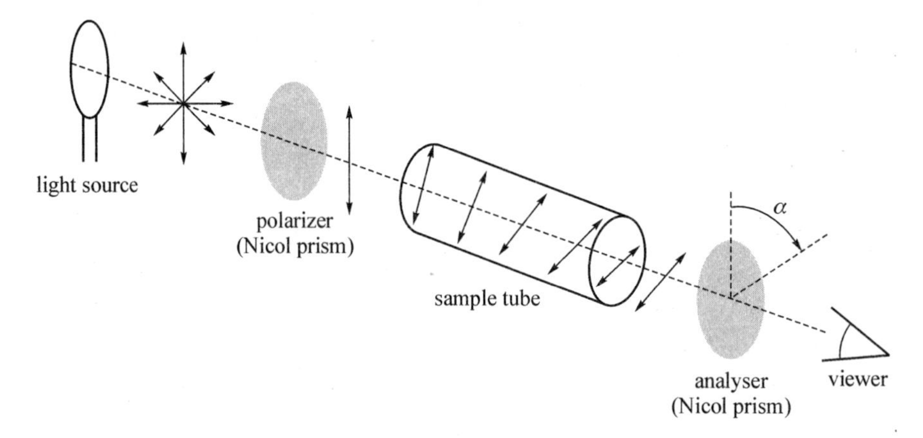

Figure 31-1 A diagram of a polarimeter

A polarimeter consists of a polarizer, a cell to contain the sample, and an analyzer (a second polarizing prism) that can be rotated so as to compensate for the rotation induced by the sample. Usually the analyzer is rotated until the extinction point (the angle of minimum illumination) is reached. At this point, the axis of the analyzer is perpendicular to the axis of the polarized light, and therefore all the light is blocked out. By measuring the angle at which extinction occurs, the optical rotation of the sample is determined. Since the amount of rotation depends on factors that are not inherent properties of the sample itself (such as the length of the polarimeter tube and the concentration of the sample), this observed rotation is converted to specific rotation by means of equation (1):

$$[\alpha]_{\lambda}^{t}=\frac{\alpha}{lc} \qquad (1)$$

The specific rotation of a pure substance under a given set of conditions is an invariable property of the substance and can be used to characterize it. Specific rotation can also be used to measure the optical purity of an enantiomer or the composition of a mixture of optically active substances.

The optical rotation of a substance is usually measured in solution. Water and alcohol are common solvents for polar compounds; chloroform is used for less polar ones. Often a suitable solvent will be listed in the literature, along with the light source and temperature used for the measurement. The volume of solution required is dependent on the size of the polarimeter cell, but 10～25 mL is usually sufficient. A solution for polarimetry ordinarily contains about 1～10 g of solute per 100 mL of solution and should be prepared using an accurate balance and a volumetric flask.

In this laboratory exercise you will work with solutions of glucose and fructose. The specific rotation of an aqueous solution of glucose is $[\alpha]_D^{20} = +52.5°$ and $[\alpha]_D^{20} = -92°$. From equation (1) we can calculate the concentrations of the dissolved substance.

Operational Procedure:

Remove the screw cap glass endplate from one end of a clean 1-or 2-decimeter polarimeter cell (do not get fingerprints on the endplate), and rinse the cell with a small amount of the solution to be analyzed. Stand the polarimeter cell vertically on the bench top and overfill it with the solution (rocking the tube to shake loose any air bubbles), adding the last milliliter or so with a dropper so that the liquid surface is convex. Carefully slide the glass endplate on so that there are no air bubbles trapped inside. If the tube has a bulge at one end, a small bubble can be tolerated; in that case the tube should be tilted so that the bubble migrates to the bulge and stays out of the light path. Screw the cape on just tightly enough to provide a leakproof seal—overtightening it may strain the glass and cause erroneous readings. If the light source is a sodium lamp, make sure it has ample time to warm up (some require 30 minutes or more). Place the sample cell in the polarimeter trough, close the cover, and see that the light source is oriented so as to provide the maximum illumination in the eyepiece. Set the analyzer scale to zero, and if necessary rotate it a few degrees in either direction until a dark and a light field are clearly visible. Turn the analyzer knob or ring until the proper angle of the analyzer is reached (the angle that allows no light to pass through the instrument). Most analog instruments, including the Zeiss polarimeter, are of the split-field type. When you look upward through the eyepiece, you see a circle split into three sectors (see Figure 31-2), with the center sector either lighter or darker than those on either side. The analyzer prism is rotated until all of the sectors are matched in intensity, usually the darker color. This is called the null reading. Read the optical rotation from the analyzer scale (figure 31-3), using the Vernier scale (if there is one) to read fractions of a degree.

If you are not sure if you have a dextrorotatory or a levorotatory substance, you can make this determination by halving the concentration of your compound, reducing the length of the cell by half, or reducing the intensity of the light.

Rinse the cell with the solvent used in preparing the solution; then fill the cell with that solvent, and record its optical rotation by the same procedure as before (This value is the solvent blank). Remove the solvent and let the cell drain dry, or clean it as directed by your instructor. Subtract the optical rotation of the solvent blank (remember + and - signs) from that of the sample to obtain the optical rotation of the sample, and calculate its specific rotation using Equation (1).

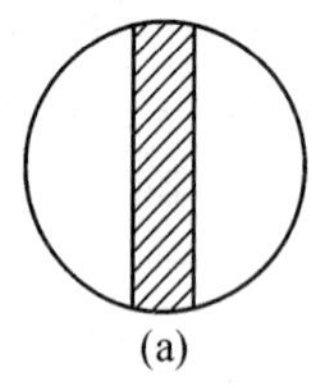
(a)

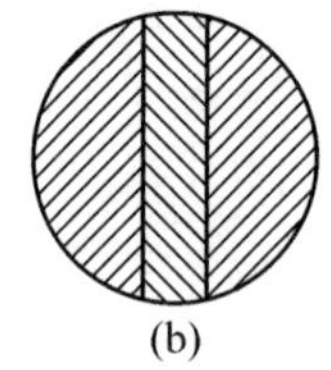
(b)

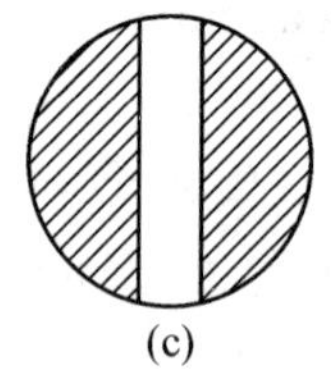
(c)

Figure 31-2 Different fields of vision observed during a measurement

(a) incorrect; (b) correct; (c) incorrect.

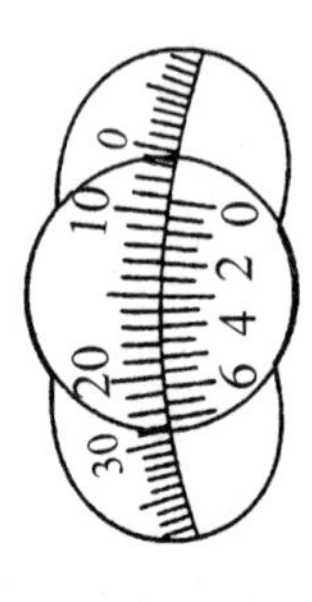

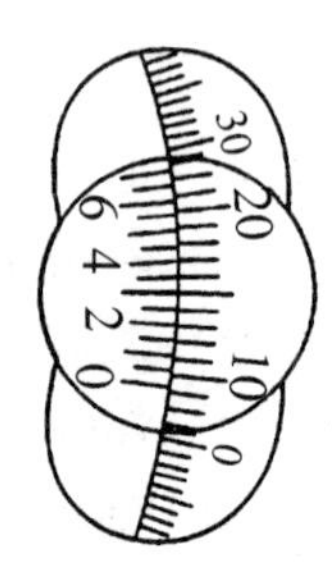

Figure 31-3 Scales of a polarimeter

$\alpha = 9.30°$

Summary:

1. Prepare solution of compound to be analyzed (filter if necessary).
2. Rinse and fill sample cell with solution, place cell in polarimeter, and adjust light source.
3. Focus polarimeter.
4. Rotate analyzer scale until field is uniform.
5. Read optical rotation.
6. Repeat steps 4 and 5 several times, reversing direction each time, and average readings.
7. Rinse and fill sample cell with solvent; place cell in polarimeter.

GO TO 3.

8. Clean cell, and drain dry.
9. Calculate optical rotation and specific rotation of sample.

Experiment:

Measure the optical rotation of three solutions: one glucose solution and two fructose solutions. Calculate the concentration of each solution.

Experiment 31 Recrystallization

Experimental principle:

Recrystallization is the most important method for purifying solid organic compounds. This technique is based on the fact that the solubility of an organic compound in a given solvent will often increase greatly as the solvent is heated to its boiling point. When it is first heated in such a solvent until it dissolves, then cooled to room temperature or below, an impure organic solid will usually recrystallize from solution in a much purer form than its original form. Most of the impurities will either not dissolve in a hot solution (from which they can be filtered) or remain in dissolved form in the cooled solution (from which the pure crystals are filtered).

The process of recrystallization can be broken into seven discrete steps: (1) choosing the solvent and solvent pairs; (2) dissolving the solute; (3) decolorizing the solution with an activated form of carbon; (4) filtering suspended solids; (5) recrystallizing the solute; (6) collecting and washing the crystals; and (7) drying the crystals. A detailed description of each of these steps is given in the following sections.

1. Choosing the solvent and solvent pairs

In choosing the solvent, the chemist is guided by the dictum "like dissolves like". It is often difficult to decide, simply by looking at the structure of a molecule, just how polar or nonpolar it is and which solvent would be best. Therefore, the solvent is often chosen by experimentation. If an appropriate single solvent cannot be found for a given substance, a solvent pair system may be used. The requirement for this solvent pair is miscibility; both solvents should dissolve in each other for use as a recrystallization solvent system.

A solvent should satisfy certain criteria for use in recrystallization: (a) The desired compound should be reasonably soluble in the hot solvent, and insoluble or nearly insoluble in the cold solvent. (b) Conversely, the impurities should either be insoluble in the solvent at all temperatures or must remain at least moderately soluble in the cold solvent. In other words, if the impurities are soluble, the temperature coefficient for them must be unfavorable; otherwise the desired product and the impurities would both crystallize simultaneously from solution. (c) The boiling point of the solvent should be low enough so that it can be readily removed from the crystals. (d) The boiling point of the solvent should generally be lower than the melting point of the solid being purified. (e) The solvent should not react chemically with the substance being purified.

The solvents commonly used in recrystallizations are: water, ethanol, acetone, petroleum ether, carbon tetrachloride, benzene and ethyl acetate, etc. Some useful solvent pairs are ethanol and water, acetone and ether, diethyl ether and petroleum ether, benzene and petroleum ether, etc.

2. Dissolving the solute

This step may involve the handling of relatively large volumes of volatile solvents. Although most solvents used in the organic laboratory are of relatively low toxicity, it is prudent to avoid inhaling their vapors. For this reason, the following operations are best performed in a hood. A three-neck flask or a round-bottom flask (never use a beaker) is often employed as a container because its flask mouth is comparatively narrow, decreasing volatility and helping the material dissolve quickly with stirring. If the solvent has a low boiling point and is flammable, heating it directly should be prohibited. Fit a reflux condenser on the flask and select proper heat sources.

Place the crude product to be recrystallized into a container with a narrow flask mouth, add enough solvent (it is advisable to add an additional 2%~5% of solvent to prevent premature crystallization during this operation) to cover the crystals, and then heat the flask until the solid exactly dissolves at the boiling point.

When mixed solvents are employed, the same general approach used for single-solvent dissolution is followed. However, there are two options for effecting dissolution once the solvents have been selected. In one, the solid to be purified is first dissolved in a minimum volume of the hot solvent in which it is soluble; the second solvent is then added to the boiling solution until the mixture turns cloudy. The cloudiness signals initial formation of crystals, caused by the fact that addition of the second solvent results in a solvent mixture in which the solute is less soluble. Finally, more of the first solvent is added dropwise until the solution clears.

3. Decolorizing the solution with an activated carbon

After dissolution of the solid mixture, the solution may be colored. This signals the presence of impurities if the desired compound is known to be colorless. Colored impurities may often be removed by adding a small amount of decolorizing activated carbon (0.1% of the solute weight is sufficient) to the hot (but not boiling) solution. After the activated carbon is added, the solution is heated to boiling for a few minutes. Remove the decolorizing activated carbon by filtration as described in step 4.

4. Filtering suspended solids

The filtration of a hot, saturated solution to remove solid impurities or decolorizing activated carbon can be performed by gravity filtration of the hot solution. A short-stemmed or stemless glass funnel should be used to minimize crystallization in the funnel, and using fluted filter paper [figure 32-1(g)] will minimize crystallization on the filter. To keep liquid from flowing over the top of the funnel, the top of the paper should not extend above the funnel by more than 1~2 mm.

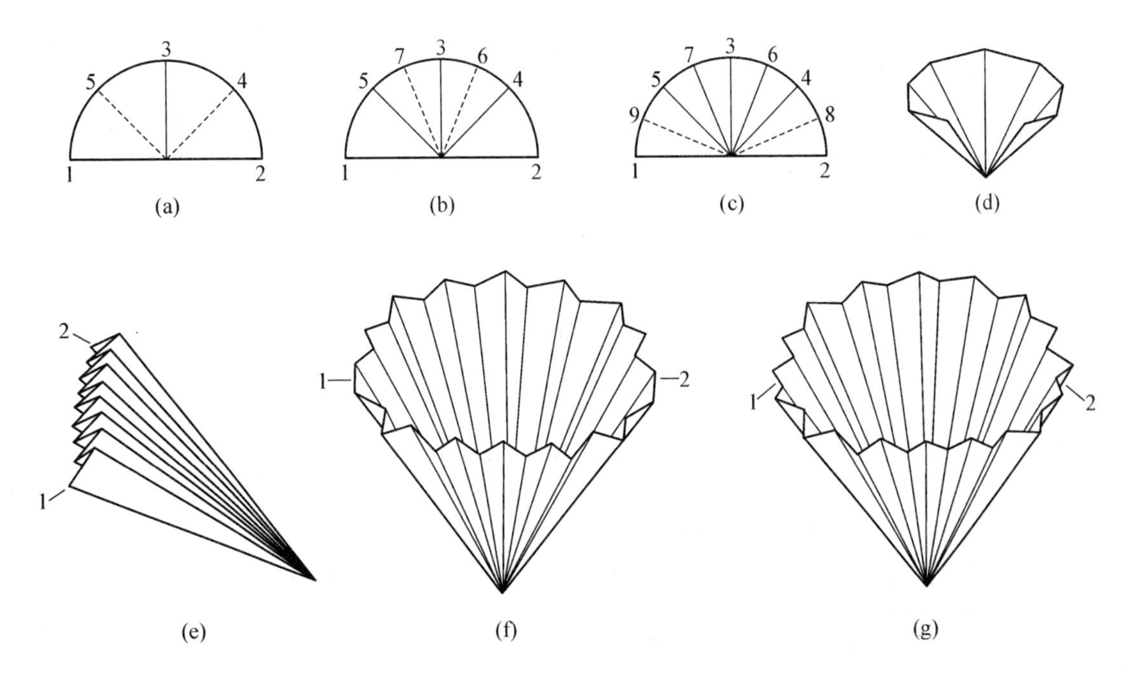

Figure 32-1　Folding filter paper to produce fluted filter paper

One method for preparation of fluted filter paper is shown in figure 32-1 and involves the following sequence. Fold the paper in half, and then into quarters. Fold edge 2 onto 3 to form edge 4, and then 1 onto 3 to form 5 [figure 32-1(a)]. Now fold edge 2 onto 5 to form 6, and 1 onto 4 to form 7 [figure 32-1(b)]. Continue by folding edge 2 onto 4 to form 8, and 1 onto 5 to form 9 [figure 32-1(c)]. The paper now appears as shown in figure 32-1(d). Do not crease the folds tightly at the center, because this might weaken the paper and cause it to tear during filtration. All folds thus far have been in the same direction. Now make folds in the opposite direction between edges 1 and 9, 9 and 5, 5 and 7, and so on, to produce the fan like appearance shown in figure 32-1(e). Open the paper [figure 32-1(f)] and fold each of the sections 1 and 2 in half with reverse folds to form paper that is ready to use [figure 32-1(g)].

5. Recrystallizing the solute

The hot filtrate is allowed to cool slowly in a beaker or a crystallising dish. Slow cooling is a critical step in recrystallization. Rapid cooling by immersing the flask in water or an ice-water bath tends to lead to the formation of very small crystals that may adsorb impurities from solution. Generally the solution should not be disturbed as it cools, since this also leads to production of small crystals. Failure of crystallization to occur after the solution has cooled usually means that either too much solvent has been used or that the solution is supersaturated. A supersaturated solution can usually be made to produce crystals by adding a seed crystal or scratching the inside of the tube with a glass rod at the liquid-air interface.

6. Collecting and washing the crystals

Once recrystallization is complete, the crystals must be separated from the mother liquor and washed with a little cold solvent in a Büchner funnel. The stem of the funnel must be fitted with a rubber stopper and inserted in the mouth of a heavy-walled side-arm filter flask. The side-arm of this flask is connected with a vacuum rubber tubing, which is joined to a pump or a water aspirator. The apparatus for vacuum filtration of solids are shown in Figure 32-2.

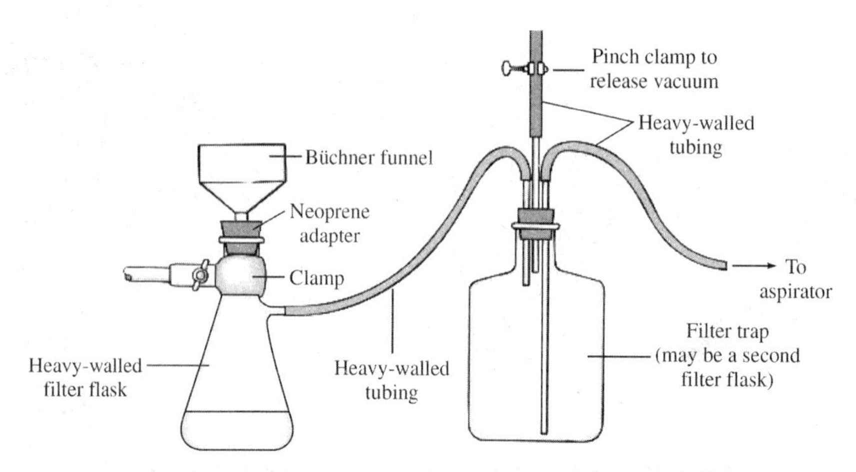

Figure 32-2　Apparatus for vacuum filtration of solids

A piece of filter paper is placed in the funnel so it lies flat on the funnel plate and covers all the small holes in the funnel. It should not extend up the sides of the funnel. A vacuum is applied to the system, and the filter paper is "wetted" with a small amount of pure solvent to form a seal with the funnel so that crystals do not pass around the edges of the filter paper and through the holes in the filter. The flask containing the crystals is swirled to suspend the crystals in the solvent, and the solution containing the crystals is poured slowly into the funnel. A stirring rod or spatula may be used to aid the transfer. The last of the crystals may be transferred to the funnel by washing them from the flask with some of the filtrate, which is called the mother liquor. When all the solution has passed through the filter, the vacuum is released slowly by opening the screw clamp or stopcock on the trap. The crystals are washed to remove the mother liquor, which contains impurities, by adding a small amount of cold, pure solvent to the funnel to just cover the crystals. Vacuum is then reapplied to remove the wash solvent, and the crystals are pressed as dry as possible with a clean spatula or a cork while continuing to pull a vacuum on the funnel.

7. Drying the crystals

The crystals can then be turned out of the funnel and squeezed between sheets of filter paper to remove the last traces of solvent before the final drying on a watch glass. Removing the last traces of solvent from the crystalline product may be accomplished by air- or oven-drying. With the latter option, the temperature of the oven must be 20～30 ℃ below the melting point of the product; otherwise your crystals will turn into a puddle.

Experiments:

Recrystallization of impure benzoic acid:

1. Place 2.0 g of impure benzoic acid in a 250 mL Erlenmeyer flask equipped for magnetic stirring, add 100 mL of pure water and heat the mixture to a gentle boil until no more solid appears.

2. Cool the solution slightly, add half of a microspatula-tip full of activated carbon, or, preferably, a pellet or two of decolorizing carbon and reheat to boiling for a few minutes.

3. Filter the hot solution with a fluted filter paper or a Büchner funnel which has been soaked with hot water, and collect the filtrate.

4. Allow the filtrate to stand undisturbed until it has cooled to room temperature and no more crystals form.

5. Collect the crystals on a Büchner funnel by vacuum filtration and wash the filter cake with two small portions of cold water. Press the crystals as dry as possible on the funnel with a clean cork or spatula. Spread the benzoic acid on a watchglass and allow them to dry in an oven.

6. Determine the melting points of the crude and recrystallized benzoic acid, the weight of the latter material, and calculate your percent recovery.

Experiment 32 Molecular Models of Organic Compounds

Introduction:

Almost all compounds that contain carbon atom(s) are known as organic compounds. Most organic compounds also contain hydrogen atom(s). Organic compounds that contain only carbon and hydrogen atoms are classified as hydrocarbons. Some organic compounds also contain other heteroatoms such as oxygen, nitrogen, the halogens, sulfur, and phosphorus. These compounds are known as hydrocarbon derivatives.

Carbon atoms are generally tetravalent. This means that carbon atoms in most organic compounds are bound by four covalent bonds to adjacent atoms. They can also form a single bond, a double bond, or a triple bond to other atoms and can be arranged in a straight chain or can be arranged in branched chain or a cyclic chain. Organic molecules are three-dimensional and occupy space. The three-dimensional character of molecular structure is shown through molecular model building. With molecular models, the number and types of bonds between atoms and the spatial arrangements of the atoms can be visualized for the molecules. The structures and shapes of some organic compounds will be discussed briefly in this lab.

Compounds with the same molecular formula that have different structural or spatial arrangements are called isomers. In this lab different classes of isomers will be discussed and molecular models will be used to visualize the three-dimensional structures.

Experiment:

1. Use the models to show three kinds of hybridization of carbon atoms: sp^3, sp^2 and sp hybrid orbitals. Know the relationship between hybridization, bond angle and geometry for sp^3, sp^2, and sp carbon orbital and the implications for molecular shape.

2. Construct models of methane, ethane, ethylene and acetylene. Understand the difference between a σ bond and a π bond.

3. Construct models of butane and isobutane (constitutional isomers). Be able to draw the structures of constitutional isomers using both condensed structural formulas and "line-angle" structures.

4. Construct models of cis and trans 2-butene (geometric isomers). Know the cis/trans, Z/E nomenclatures of appropriately substituted alkenes.

5. Construct models of cis and trans 1,3-dimethylcyclohexane (geometric isomers).

6. Construct models of ethane conformers (staggered and eclipsed), propane conformers (staggered and eclipsed) and butane conformers (rotation around the C2-C3 bond: totally eclipsed, gauche, eclipsed and anti). Know how to draw a Newman projection for a specified conformation and its stability.

7. Construct models of chair conformer of cyclohexane, monosubstituted cyclohexanes

(methylcyclohexane), cis and trans disubstituted cyclohexanes (1,2-dimethylcyclohexane, 1,3-dimethylcyclohexane and 1,4-dimethylcyclohexane). Be able to draw chair representations of cyclohexane, showing the orientation of axial and equatorial bonds. Know how to predict which conformer will be the most stable form.

8. Construct models of $CH_2=C=CH_2$, 2,3-pentadiene, 1,3-butadiene and benzene. Understand the difference between the localized π-bond and the conjugated π-bond (delocalized π-bond).

9. Construct models of lactic acid, 2-amino-3-hydroxybutanoic acid and tartaric acid. Be able to draw 3 dimensional representations and Fischer projections of these stereoisomers. Know the differences between constitutional isomers, enantiomers, diastereomers, and meso compounds, and how to identify relationships between compounds irrespective of how they are drawn. Know the R/S system for nomenclature and be able to use it on acyclic or cyclic systems.

附录一　常用有机溶剂和特殊试剂的纯化

1. 无水乙醇

沸点 78.5 ℃，折射率为 1.361 6，相对密度为 0.789 3。

普通乙醇含量为 95%。与水形成恒沸溶液，不能用一般分馏法除去水分。初步脱水常以生石灰为脱水剂，这是因为：第一，生石灰来源方便；第二，生石灰或由它生成的氢氧化钙皆不溶于乙醇。操作方法：将 600 mL 95%乙醇置于 1 000 mL 圆底烧瓶内，加入 100 g 左右新鲜煅烧的生石灰，放置过夜，然后在水浴中回流 5～6 h，再将乙醇蒸出。如此所得乙醇相当于市售无水乙醇，纯度约为 99.5%。若需要绝对无水乙醇还必须选择下述方法进行处理：

(1) 取 1 000 mL 圆底烧瓶安装回流冷凝，在冷凝管上端附加一只氯化钙干燥管，瓶内放置 2～3 g 干燥洁净的镁条与 0.3 g 碘，加入 30 mL 99.5%的乙醇，在水浴加热至碘粒完全消失(如果不起反应，可再加入数小粒碘)，然后继续加热，待镁完全溶解后，加入 500 mL 99.5%的乙醇，继续加热回流 1 h，蒸馏出乙醇，弃去先蒸出的 10 mL，其后蒸出的收集于干燥洁净的瓶内储存。如此所得乙醇纯度可超过 99.95%。

由于无水乙醇具有非常强的吸湿性，故在操作过程中必须防止吸入水气，所用仪器需事先置于烘箱内干燥。

此方法脱水是按下列反应进行的：

$$Mg+2C_2H_5OH \longrightarrow H_2+Mg(OC_2H_5)_2$$

$$Mg(OC_2H_5)_2+2H_2O \longrightarrow Mg(OH)_2+2C_2H_5OH$$

(2) 可采用金属钠除去乙醇中含有的微量水分，金属钠与金属镁的作用是相似的。但是单用金属钠并不能达到完全去除乙醇中所含水分的目的。因为这一反应有如下的平衡：

$$C_2H_5ONa+H_2O \rightleftharpoons NaOH+C_2H_5OH$$

若要使平衡向右移动，可以加过量的金属钠，增加乙醇钠的生成量。但这样做，造成了乙醇的浪费。因此，通常的办法是加入高沸点的酯，如邻苯二甲酸乙酯或琥珀酸乙酯，以消除反应中生成的氢氧化钠。这样制得的乙醇，只要能严格防潮，含水质量分数可以低于 0.01%。

操作方法：取 500 mL 99.5%的乙醇盛入 1 000 mL 圆底烧瓶内，安装回流冷凝管和干燥管，加入 3.5 g 金属钠，待其完全作用后，再加入 12.5 g 琥珀酸乙酯或 14 g 邻苯二甲酸乙酯，回流 2 h，然后蒸出乙醇，先蒸出的 10 mL 弃去，其后蒸出的收集于干燥洁净的瓶内储存。

测定乙醇中含有的微量水分，可加入乙醇铝的苯溶液，若有大量的白色沉淀生成，证明乙醇中含有的水的质量分数超过 0.05%。此法还可测定甲醇中含 0.1%、乙醚中含 0.005%及醋酸乙酯中含 0.1%的水分。

2. 无水乙醚

沸点 34.6 ℃，折射率为 1.352 7，相对密度为 0.713 5。

工业乙醚中，常含有水和乙醇。若储存不当，还可能产生过氧化物。这些杂质的存在，对于一些要求用无水乙醚作溶剂的实验是不适合的，特别是在有过氧化物存在时，还会有发生爆炸的危险。

纯化乙醚可选择下述方法：

(1) 取 500 mL 的普通乙醚，置于 1 000 mL 的分液漏斗内，加入 50 mL 10%的新配制的亚硫酸氢钠溶液；或加入 10 mL 硫酸亚铁溶液和 100 mL 水充分振摇(若乙醚中不含过氧化物，则可省去这步操作)。然后分出醚层，用饱和食盐水溶液洗涤两次，再用无水氯化钙干燥数天，过滤，蒸馏。将蒸出的乙醚放在干燥的磨口试剂瓶中，压入金属钠丝干燥。如果乙醚不够干燥，当压入钠丝时，即会产生大量气泡。遇到这种情况，暂时先用装有氯化钙干燥管的软木塞塞住，放置 24 h 后，过滤到另一干燥试剂瓶中，再压入金属钠丝，至不再产生气泡，钠丝表面保持光泽，即可盖上磨口玻塞备用。

硫酸亚铁溶液的制备：取 100 mL 水，慢慢加入 6 mL 浓硫酸，再加入 60 g 硫酸亚铁溶解即得。

(2) 经无水氯化钙干燥后的乙醚，也可用 4A 型分子筛干燥，所得绝对无水乙醚能直接用于格氏反应。

为了防止乙醚在储存过程中生成过氧化物，除尽量避免与光和空气接触外，可于乙醚内加入少许铁屑，或铜丝、铜屑，或干燥固体氢氧化钾，盛于棕色瓶内，储存于阴凉处。

为了防止发生事故，对在一般条件下保存的或储存过久的乙醚，除已鉴定不含过氧化物的以外，蒸馏时，都不要全部蒸干。

3. 甲醇

沸点 64.96 ℃，折射率为 1.328 8，相对密度为 0.791 4。

通常所用的甲醇均由合成而来，含水质量分数不超过 0.5%～1%。由于甲醇和水不能形成共沸混合物，因此可通过高效的精馏柱将少量水除去。精制甲醇含有 0.02%的丙酮和 0.1%的水，一般已可应用。如要制得无水甲醇，可用金属镁处理(方法见“无水乙醇”)。甲醇有毒，处理时应避免吸入其蒸气。

4. 无水无噻吩的苯

沸点 80.1 ℃，折射率为 1.501 1，相对密度为 0.878 65。

普通苯含有少量的水(可达 0.02%)，由煤焦油加工得来的苯还含有少量噻吩(沸点 84 ℃)，不能用分馏或分步结晶等方法分离除去。为制得无水无噻吩的苯可采用下列方法：

在分液漏斗内将普通苯及相当于苯体积 15%的浓硫酸一起摇荡，摇荡后将混合物静置，弃去底层的酸液，再加入新的浓硫酸，这样重复操作直至酸层呈现无色或淡黄色，且检验无噻吩为止。分去酸层，苯层依次用水、10%碳酸钠溶液和水洗涤，用氯化钙干燥，蒸馏收集 80 ℃的馏分。若要高度干燥可加入钠丝(方法见“无水乙醚”)进一步去水。

噻吩的检验：取 5 滴苯于小试管中，加入 5 滴浓硫酸及 1～2 滴 1%的 α,β-吲哚醌-浓硫酸溶液，振荡片刻。如呈现墨绿色或蓝色，表示有噻吩存在。

5. 丙酮

沸点 56.2 ℃，折射率为 1.358 8，相对密度为 0.789 9。

普通丙酮中往往含有少量水及甲醇、乙醛等还原性杂质，可用下列方法精制：

(1) 于 1 000 mL 丙酮中加入 5 g 高锰酸钾回流，以除去还原性杂质。若高锰酸钾紫色很快消失，需要加入少量高锰酸钾继续回流，直至紫色不再消失为止。蒸出丙酮，用无水碳酸钾或无水硫酸钙干燥后，过滤，蒸馏收集 55～56.5 ℃的馏分。

(2) 于 1 000 mL 丙酮中加入 40 mL 10%硝酸银溶液及 0.1 mol/L 氢氧化钠溶液 35 mL，振荡 10 min，除去还原性杂质。过滤，滤液用无水硫酸钙干燥后，蒸馏收集 55～56.5 ℃的馏分。

6. 乙酸乙酯

沸点 77.06 ℃,折射率为 1.372 3,相对密度为 0.900 3。

乙酸乙酯沸点在 76～77 ℃部分的质量分数达 99%时,已可应用。普通乙酸乙酯含量为 95%～98%,含有少量水、乙醇及醋酸,可用下列方法精制:

于 1 000 mL 乙酸乙酯中加入 100 mL 醋酸酐、10 滴浓硫酸,加热回流 4 h,除去乙醇及水等杂质,然后进行分馏。馏出液用 20～30 g 无水碳酸钾振荡,再蒸馏。最后产物的沸点为 77 ℃,纯度达 99.7%。

7. 二硫化碳

沸点 46.25 ℃,折射率为 1.631 9,相对密度为 1.263 2。

二硫化碳是有毒的化合物(有使血液和神经组织中毒作用),又具有高度的挥发性和易燃性,所以使用时必须注意,避免接触其蒸气。一般有机合成实验中对二硫化碳纯度要求不高,在普通二硫化碳中加入少量磨碎的无水氯化钙,干燥数小时,然后在水浴上(温度 55～65 ℃)蒸馏收集。

如需要制备较纯的二硫化碳,则需将试剂级的二硫化碳用质量分数为 0.5%的高锰酸钾溶液洗涤 3 次,除去硫化氢,再用汞不断振荡除硫。最后用 2.5%硫酸汞溶液洗涤,除去所有恶臭(剩余的 H_2S),再经氯化钙干燥,蒸馏收集。其纯化过程的反应式如下:

$$3H_2S + 2KMnO_4 \longrightarrow 2MnO_2\downarrow + 3S\downarrow + 2H_2O + 2KOH$$

$$Hg + S \longrightarrow HgS\downarrow$$

$$HgSO_4 + H_2S \longrightarrow HgS\downarrow + H_2SO_4$$

8. 氯仿

沸点 61.7 ℃,折射率为 1.445 9,相对密度为 1.483 2。

普通用的氯仿含有质量分数为 1%的乙醇,这是为了防止氯仿分解为有毒的光气,作为稳定剂加进去的。为了除去乙醇,可以将氯仿用其体积一半的水振荡数次,然后分出下层氯仿,用无水氯化钙干燥数小时后蒸馏。

另一种精制方法是将氯仿与少量浓硫酸一起振荡两三次。每 1 000 mL 氯仿用浓硫酸 50 mL。分去酸层以后的氯仿用水洗涤,干燥,然后蒸馏。除去乙醇的无水氯仿应保存于棕色瓶子里,并且不要见光,以免分解。

9. 石油醚

石油醚为轻质石油产品,是低相对分子质量的烃类(主是戊烷和己烷)的混合物。其沸程为 30～150 ℃,收集的温度区间一般为 30 ℃左右,如有 30～60 ℃、60～90 ℃、90～120 ℃等沸程规格的石油醚。石油醚中含有少量不饱和烃,沸点与烷烃相近,用蒸馏法无法分离,必要时可用浓硫酸和高锰酸钾把它除去。通常将石油醚用其体积十分之一的浓硫酸洗涤两三次,再用 10%的硫酸加入高锰酸钾配成的饱和溶液洗涤,直至水层中的紫色不再消失为止。然后再用水洗,经无水氯化钙干燥后蒸馏。如要绝对干燥的石油醚则加入钠丝(见“无水乙醚”)除水。

10. 吡啶

沸点 115.5 ℃,折射率为 1.509 5,相对密度为 0.981 9。

分析纯的吡啶含有少量水分,但已可供一般应用。如要制得无水吡啶,可与粒状氢氧化钾或氢氧化钠一同回流,然后隔绝潮气蒸出备用。干燥的吡啶吸水性很强,保存时应将容器口用石蜡封好。

11. N,N-二甲基甲酰胺

沸点 149～156 ℃，折射率为 1.430 5，相对密度为 0.948 7。

N,N-二甲基甲酰胺含有少量水分。在常压蒸馏时有些分解，产生二甲胺与一氧化碳。若有酸或碱存在，分解加快，所以在加入固体氢氧化钾或氢氧化钠在室温放置数小时后，即有部分分解。因此，最好用硫酸钙、硫酸镁、氧化钡、硅胶或分子筛干燥，然后减压蒸馏，36 mmHg下收集 76 ℃的馏分。当其中含水较多时，可加入其体积十分之一的苯，在常压及80 ℃以下蒸去水和苯，然后用硫酸镁或氧化钡干燥，再进行减压蒸馏。

N,N-二甲基甲酰胺中如有游离胺存在，可用 2,4-二硝基氟苯产生颜色来检查。

12. 四氢呋喃

沸点 67 ℃，折射率为 1.405 0，相对密度为 0.889 2。

四氢呋喃是具有乙醚气味的无色透明液体，市售的四氢呋喃常含有少量水分及过氧化物。如要制得无水四氢呋喃可与氢化锂铝在隔绝潮气下回流(通常 1 000 mL 需 2～4 g 氢化锂铝)除去其中的水和过氧化物，然后在常压下蒸馏，收集 66 ℃的馏分。精制后液体应在氮气氛中保存，如需较久放置，应加质量分数为 0.025%的 2,6-二叔丁基-4-甲基苯酚作为抗氧化剂。处理四氢呋喃时，应先用小量进行试验，以确定只有少量水和过氧化物，作用不过于猛烈时，方可进行。

四氢呋喃中的过氧化物可用酸化的碘化钾溶液来检验。如过氧化物很多，应另行处理。

附录二　常用干燥剂的性能及应用范围

干燥剂	吸水作用	吸水容量	干燥效能	干燥速度	应用范围
氯化钙	$CaCl_2 \cdot nH_2O$ $n=1,2,4,6$	0.97 按 $CaCl_2 \cdot 6H_2O$ 计	中等	较快，但吸水后表面为薄层液体所覆盖，故放置时间应长些为宜	能与醇、酚胺、酰胺及某些醛、酮形成配合物，因而不能用于干燥这些化合物；其工业品中可能含氢氧化钙和碱式氧化钙，故不能用于干燥
硫酸镁	$MgSO_4 \cdot nH_2O$ $n=1,2,4,5,6,7$	1.05 按 $MgSO_4 \cdot 7H_2O$ 计	较弱	较快	中性，应用范围广，可代替 $CaCl_2$，可用于干燥酯、醛、酮、腈、酰胺等不能用 $CaCl_2$ 干燥的化合物
硫酸钠	$Na_2SO_4 \cdot 10H_2O$	1.25	弱	缓慢	中性，一般用于有机液体的初步干燥
硫酸钙	$CaSO_4 \cdot 1/2H_2O$	0.06	强	快	中性，常与硫酸镁(钠)配合，作最后干燥之用
碳酸钾	$K_2CO_3 \cdot 1/2H_2O$	0.2	较弱	慢	弱碱性，用于干燥醇、酮、酯、胺及杂环等碱性化合物；不适用于酸、酚及其他酸性化合物的干燥
氢氧化钾(钠)	溶于水	—	中等	快	强碱性，用于干燥胺、杂环等碱性化合物；不能用于干燥醇、酯、醛、酮、酸、酚等
金属钠	$2Na+2H_2O = 2NaOH+H_2\uparrow$	—	强	快	限于干燥醚、烃类中的痕量水分；用时切成小块或压成钠丝
氧化钙	$CaO+H_2O = Ca(OH)_2$	—	强	较快	适于干燥低级醇类
五氧化二磷	$P_2O_5+3H_2O = 2H_3PO_4$	—	强	快，但吸水后表面被黏浆液覆盖，操作不便	适于干燥醚、烃、卤代烃、腈等化合物中的痕量水分；不适用于干燥醇、酸、胺、酮等
分子筛	物理吸附	约 0.25	强	快	适用于各类有机化合物的干燥

主要参考文献

1. 王清廉，李瀛，等. 有机化学实验[M]. 3 版. 北京：高等教育出版社，2010
2. 李妙葵，等. 大学有机化学实验[M]. 上海：复旦大学出版社，2006
3. 吴晓艺. 有机化学实验[M]. 北京：清华大学出版社，2012
4. 程青芳. 有机化学实验[M]. 南京：南京大学出版社，2006
5. 林敏，周金梅，阮永红. 小量－半微量－微量有机化学实验[M]. 北京：高等教育出版社，2010
6. 阴金香. 基础有机化学实验[M]. 北京：清华大学出版社，2010
7. 陆阳. 有机化学实验[M]. 北京：人民卫生出版社，2008
8. 季萍，薛思佳，等. 有机化学实验[M]. 北京：科学出版社，2005